现代软件工程及项目管理

宋广元　著

化学工业出版社
·北京·

内 容 简 介

在信息技术日新月异的当代社会，计算机软件已经成为各行各业不可或缺的基础工具。随着软件规模和复杂度的不断提升，软件开发过程中面临的问题和挑战也日益增多，如何高效、规范地进行软件开发和项目管理成为了亟待解决的难题。本书从软件工程的基础知识入手，全面探讨了软件可行性与需求工程、软件设计基础、面向对象的软件开发、软件实现与测试以及软件维护与项目管理等内容，为读者提供了从软件开发到项目管理的一站式知识体系，旨在提升软件工程实践能力和项目管理水平。

本书既可作为高校软件工程、计算机科学与技术等相关专业的教学用书，又能为企事业单位的软件开发人员、项目经理提供理论指导与实践借鉴。

图书在版编目（CIP）数据

现代软件工程及项目管理 / 宋广元著. -- 北京 : 化学工业出版社, 2025. 11. -- ISBN 978-7-122-48865-7

Ⅰ. TP311.5

中国国家版本馆 CIP 数据核字第 2025BS9448 号

责任编辑：王帅菲　周　红

责任校对：王　静

装帧设计：刘丽华

出版发行：化学工业出版社

（北京市东城区青年湖南街 13 号　邮政编码 100011）

印　　装：大厂回族自治县聚鑫印刷有限责任公司

710mm × 1000mm　1/16　印张 10　字数 209 千字

2025 年 9 月北京第 1 版第 1 次印刷

购书咨询：010-64518888　　售后服务：010-64518899

网　　址：http://www.cip.com.cn

凡购买本书，如有缺损质量问题，本社销售中心负责调换。

定　　价：99.00 元

前言

在信息技术日益进步的今天，软件工程与项目管理已经成为现代企业成功与否的关键因素。随着计算机技术的不断创新和互联网的广泛普及，软件开发已经不再是单纯的编程工作，而是一个涉及多个学科的复杂过程。软件系统的规模不断扩大，功能更加复杂，用户需求日益多样化，导致传统的软件开发方法逐渐暴露出诸多问题。与此同时，项目管理也面临着严峻的挑战，尤其是在开发周期越来越短、竞争日益激烈的商业环境中，如何有效控制项目的时间、成本与质量，已经成为摆在各大软件公司面前的一道难题。在这种背景下，软件工程不再仅仅关注编写代码，而是更加注重如何系统化地管理软件开发的各个环节，确保从需求分析到系统实现、从设计到测试的每个阶段都能够高效、有序地进行。项目管理的目标是通过科学的方法，合理规划与调配资源，最大限度地降低风险，提高项目交付的质量和效率。

面对快速发展的技术环境和多变的市场需求，如何在软件开发过程中融合更为先进的工程技术与项目管理策略，是软件开发领域亟需解决的核心问题。本书正是顺应时代发展需求而编写的一部综合性著作，全书以现代软件工程的基本理论为依托，紧密结合软件项目管理的实际需求，系统梳理从软件开发初期的可行性分析与需求获取，到设计、实现、测试与维护，再到项目管理全过程的核心内容。

本书立足于当前软件工程发展所面临的现实挑战与技术趋势，具有鲜明的时代价值与学术研究意义。在理论层面上，书中不仅全面覆盖软件工程生命周期各阶段的关键技术内容，还融入面向对象设计、 UML 建模等现代工程方法，体现出当前主流软件工程范式的最新发展成果。在实践层面上，书中强调项目管理与工程管理能力的融合，深入探讨项目成本管理、进度控制、质量保障、风险控制等内容，旨在提升开发团队的整体工程素养与项目执行力。

本书希望通过系统化的分析，帮助读者深入理解软件工程的各个方面，并为从事软件开发与项目管理的专业人士提供实用的指导。现代软件工程与项目管理是一个复杂而多元的领域，它不仅需要深厚的技术积累，还需要卓越的管理能力。本书旨在为软件开发领域的从业人员提供理论指导与实际工具，帮助他们应对当今日益复杂的开发环境与项目管理挑战，为推动软件行业的持续进步与创新贡献力量。

著　者

目录

第一章
软件工程导论

随着计算机技术的迅猛发展，软件系统在各行各业中扮演着日益重要的角色，成为了信息化社会不可或缺的核心力量。软件工程作为一门将系统化、规范化、量化方法应用于软件开发与维护过程的工程学科应运而生。本章阐述软件与软件危机、软件工程与生命周期、软件开发与常用工具，为后续深入学习软件工程的理论与实践奠定基础。

第一节　软件与软件危机

一、软件

（一）软件的特点

软件是计算机程序、处理过程以及与计算机系统运行相关的数据和文档。具体来说，程序是按照特定顺序组织的计算机数据和指令的集合；数据是使程序能够正常执行的数据结构；文档则是与程序开发、维护和使用相关的图文资料。计算机软件的核心是程序，而数据和文档则是软件不可分割的组成部分。

软件是计算机运行的核心，具有许多与其他工程对象不同的特点。通过对软件特点的深入分析，可以更好地理解软件在现代计算机系统中的作用及其与硬件的关系。

1. 软件是抽象的逻辑实体

软件作为抽象实体，并不像硬件那样有形，它通过代码和数据的组合来实现功能。这种抽象性使得软件可以在不同的硬件平台上运行，而不必依赖具体的物理特性。它的存在仅在于程序执行时对外表现出来的行为。由于软件本身是看不见的，开发人员通过编写代码、设计架构来描述和实现这些抽象的功能需求，这让软件的开发具有很高的灵活性，但也需要开发者有极高的设计能力和准确的需求理解。

2. 软件的耐久性与退化性

尽管软件本身不受物理磨损或老化的影响，但随着时间的推移，它在技术和环境适应性方面可能出现退化。操作系统和硬件的升级、技术标准的变化等都会导致原有软件的逐步失效。为了应对这种变化，软件必须不断更新和优化。而在一些情况下，软件为了适应不断变化的需求，进行的修改和更新可能引入新的缺陷，导致软件的质量下降。这也说明了维护工作在软件开发生命周期中的重要性及其带来的巨大成本。

3. 软件生产的依赖性与高成本

软件开发依赖于开发人员的技术、经验以及对需求的深入理解，而这些往往无法被自动化工具完全替代。虽然辅助工具能够帮助生成一些基本代码框架和文档，但核心功能代码的编写仍需开发人员亲自完成。这种高度依赖个人能力和经验的特点导致了软件开发的高成本，尤其是在开发复杂、功能强大的系统时，投入的时间和资金往往远超硬件。随着技术要求的提升，软件开发的难度和成本逐渐上升，使得软件开发成为一个需要高度专业化团队合作的复杂工程。

4. 软件的可变性

软件的可变性意味着它可以根据需求的变化或技术的进步进行修改和改进。与硬件相比，修改软件的成本低得多，可以通过简单的更新和补丁来修复漏洞或增加新功能。这一特点使得软件具有高度的灵活性，可以快速响应环境的变化。然而，软件的频繁修改也可能带来新的问题，例如，修改过程中可能引入新缺陷，或者功能修改后产生不兼容问题，从而影响软件的稳定性和可靠性。因此，软件的可变性既是优势，又带来了一些难以避免的挑战。

5. 软件与硬件的依赖关系

软件与硬件之间有着紧密的依赖关系。软件必须基于硬件提供的计算能力来运行，且需要与硬件保持良好的兼容性。例如，某些软件可能仅能在特定类型的硬件上运行，无法在其他硬件平台上获得预期的效果。这种依赖关系使得软件开发不仅需要考虑到程序本身的设计，还要考虑到硬件平台的特性。随着硬件技术的进步，软件开发者可能需要对软件进行优化和修改，以确保软件能够在新硬件上顺利运行。这种依赖也要求软件必须与硬件同步更新，以保证其持续有效。

6. 软件的可移植性与操作系统平台的影响

软件的可移植性是指它能够跨不同操作系统和硬件平台运行的能力。由于操作系统和硬件平台之间存在差异，不同的计算机系统可能无法直接运行同一款软件。因此，开发人员在设计软件时，必须考虑到它在多个平台间的适配问题。软件的设计者通常会采取跨平台开发框架，或者针对不同平台编写特定版本的代码，以确保软件在各种操作系统和硬件平台上都能顺利运行。这种考虑不仅能提升软件的兼容性，还能扩大软件的使用范围。

7. 软件的可复制性与版权问题

软件与物理产品的生产方式不同，它的复制几乎不需要物理制造过程。软件可以通过简单的复制粘贴进行传播，这种高效的复制方式导致了软件盗版问题的产生。盗版不仅侵犯了开发者的知识产权，还可能影响软件的市场份额和收入。因此，为了保护软件的版权，开发者通常采用各种措施，如加密技术、授权认证等方式，来防止软件被非法复制或使用。随着互联网的普及，软件的传播速度加快，版权保护变得更加复杂和重要，这也是现代软件开发过程中不可忽视的问题。

（二）软件的分类

1. 按软件的功能分类

按功能分类是软件分类的基本方法之一。根据软件在计算机系统中的作用，可以将软件分为系统软件、支撑软件和应用软件。

① 系统软件。系统软件是计算机硬件与应用软件之间的桥梁，负责控制和管理计算机及外部设备。系统软件主要包括操作系统、设备驱动程序等，旨在保证计算机系统的稳定性与运行效率。它的核心功能包括资源调度、硬件管理、系统维护等，系统软件的设计使得用户和应用软件无需关注硬件细节，从而能够集中精力在应用程序的开发和使用上。

② 支撑软件。支撑软件是为软件开发提供支持的工具和平台，通常包括数据库管理系统、集成开发环境（IDE）、中间件等。它们帮助开发人员在软件的设计、测试、部署和维护等阶段提供必要的工具和环境，是开发高效应用软件的基础。

③ 应用软件。应用软件是针对用户特定需求设计的程序，覆盖了几乎所有行业和领域。常见的应用软件包括文字处理、电子表格、计算机辅助设计（CAD）、社交媒体、在线购物等。应用软件可以是个人使用的小型工具，也可以是面向企业和行业的复杂系统，如金融管理软件和企业资源规划（ERP）系统。

2. 按软件的规模分类

按软件规模分类的主要依据是软件开发过程中所投入的资源（如人力、时间等）以及交付的文档和源程序的数量。软件规模从微型到巨型不等，具体划分如下。

① 微型软件。通常由少量开发人员在较短的时间内完成，功能相对简单，应用场景较为局限。

② 小型软件。功能相对简单，适用于小型企业或单一任务，开发周期较短，维护较为简单。

③ 中型软件。开发过程中涉及的资源较多，应用广泛，通常需要较长的开发周期，功能也更加复杂。

④ 大型软件。开发周期长、功能复杂，通常用于大型企业或组织，要求高性能和高可靠性。

⑤ 超大型软件和巨型软件。这些软件通常需要庞大的开发团队，并且应用场景涵盖多个领域，功能极为复杂，开发和维护的难度非常高。例如，操作系统和大型企业管理系统都可以属于这一类。

3. 按处理方式分类

根据软件的处理方式，可以将软件分为实时软件、交互软件和批处理软件。

① 实时软件。该类软件需要在严格的时间约束内处理输入，并立即做出响应。典型的应用场景包括航天、医疗、交通控制等领域。

② 交互软件。交互软件要求用户与程序实时交互，如许多现代的图形界面程序（GUI），操作系统和应用软件中的实时反应界面。

③ 批处理软件。批处理软件通常处理大量数据，且不要求即时响应。它常用于定时任务或大数据处理，典型应用如数据分析、计算任务等。

4. 按销售市场分类

按照软件的销售市场，软件可以分为项目软件和产品软件。

① 项目软件。这类软件是根据客户的具体需求定制开发的，通常是一次性项

目，针对特定的应用需求，开发周期较长。

② 产品软件。产品软件是标准化的软件，面向广泛的用户群体，开发完成后可重复销售，常见的例子包括 MicrosoftOffice、AdobePhotoshop 等。

5. 按使用频率分类

按使用频率分类，软件可以分为高使用频率软件和一次性使用软件。

① 高使用频率软件。这类软件通常被频繁使用，例如操作系统、办公软件和社交媒体应用。它们需要高度稳定和优化，以确保长期运行的流畅性。

② 一次性使用软件。这类软件通常只在特定场合下使用，可能是为了完成某个特定任务，之后就不再使用。例如，一些工具软件、安装程序等。

（三）软件的发展

软件的发展历程伴随着计算机技术的不断进步。从世界第一台计算机的诞生开始，软件逐步从简单的程序演变成如今复杂多样的系统。软件的主要目的是为了满足用户需求、提高工作效率，因此，软件需求的增长直接推动了软件技术的发展。总体来看，软件发展经历了四个主要阶段，每个阶段都为现代软件工程的形成和发展奠定了基础。

1. 程序设计阶段

在计算机技术刚刚起步的初期，软件发展处于程序设计阶段。这一时期的计算机主要用于军事、科研和一些基础的计算任务，而软件的编写基本上是由少数程序员手工完成的。程序的设计和开发过程非常简陋，开发者通常根据具体需求手工编写单个的程序模块。这个阶段的程序开发以个体生产方式为主，程序员通过自己对计算机硬件和编程语言的理解，独立完成开发任务。尽管此时的程序设计方式简单，但它奠定了现代计算机软件开发的基础。

2. 程序系统阶段

进入 20 世纪 60 年代末，计算机技术逐渐成熟，软件需求迅速增加，程序的规模也变得更加庞大和复杂。这个阶段出现了软件工程学科，随着计算机应用的逐步扩展，单个程序已经不能满足系统化的需求。为了适应复杂软件系统的开发，程序开发的方式也发生了变化，由最初的个体生产方式转变为小组合作开发模式。然而，由于这一时期软件开发的理念和管理方法尚不成熟，小组之间的分工和协作仍然依赖较为粗糙的流程和标准。这导致了开发过程中的沟通不畅、维护困难，软件的开发和维护成本迅速攀升，许多软件产品在投入使用后很难进行有效的维护，最终导致了“软件危机”——即软件质量难以保证，项目经常超期、超预算，甚至无法完成。此阶段揭示了传统开发方法的局限性，为软件工程的规范化发展提供了强烈的动力。

3. 软件工程阶段

20 世纪 80 年代以后，软件工程进入了一个更加成熟的阶段。在这一时期，软件开发逐渐摆脱了粗放式的管理方式，开始引入更加系统化和工程化的思维模式。软件工程师不仅注重编写程序本身，还开始关注整个软件生命周期的管理，包括需求分析、设计、编码、测试、维护等环节的标准化和规范化。工程化方法的引入意味着软件开发不再是简单的编码工作，而是一个包括多个学科和技术的综合过程。通过采用结构化方法和严格的管理流程，软件开发团队能够在项目开发初期就制定清晰的计划，并在整个过程中遵循一套规范的标准。这一阶段的标志性特点是强调开发过程的可管理性和可度量性，大大提升了软件开发的质量和效率。通过这种方式，软件工程逐步脱离了手工开发的状态，进入了工业化的生产模式。

4. 面向对象阶段

进入 20 世纪 90 年代，面向对象编程（OOP）技术成为软件开发领域的核心方法。OOP 方法强调将现实世界的事物抽象成对象，并通过对象之间的交互来构建系统。与传统的过程化编程相比，OOP 方法更加灵活，便于模块化设计、代码复用和系统扩展。OOP 思想的引入促进了软件开发效率的提升，使得软件开发变得更加灵活和易于维护。OOP 方法不仅在软件开发过程中提供了更高的可扩展性和可重用性，也使得大型软件系统的开发变得更加可控和高效。在这一阶段，软件产业迅速发展，逐渐占据了全球经济中的重要地位，成为各行各业数字化转型的核心动力。

软件发展的每个阶段都紧密联系着计算机技术的进步和社会需求的变化。从最初的程序设计到面向对象的高效开发，软件的每一次发展都推动了计算机科学与技术的进步，也推动了整个社会的信息化进程。如今，随着云计算、大数据、人工智能等技术的发展，软件已经进入了一个更加智能化、自动化的时代，未来的软件发展将更加强调协同工作、智能决策和持续集成等方面，为全球各行业带来更多创新和变革。

二、软件危机

软件危机是计算机科学发展过程中一个重要且具有深远影响的问题，它揭示了随着软件需求和系统复杂度的快速增长，传统开发模式所面临的严峻挑战。特别是在 20 世纪中后期，计算机软硬件技术迅猛发展，计算需求持续增加，软件开发由此进入了一个机遇与困境并存的转型时期[1]。

（一）第一次软件危机

第一次软件危机是在 20 世纪 60 年代中期，这一时期计算机硬件性能得到了突飞猛进的发展。随着大容量、高速度计算机的问世，计算能力得到前所未有的提升，从而极大地拓展了计算机应用的边界。金融、科研、工业控制等多个领域对软件系统的依赖逐渐增强。然而，相较于硬件的进步，软件开发的技术手段和管理方式却显得极为滞后，这种发展不平衡直接导致了第一次软件危机的爆发。

① 软件开发费用和进度的失控成为最突出的表现。由于项目规模的迅速扩大以及系统功能的日益复杂，传统以个人为单位进行程序设计的模式显然已经无法胜

[1] 芦效峰．软件工程与安全［M］．北京：北京邮电大学出版社，2021：3-5.

任现代大型软件系统的开发需求。大量软件项目出现了经费严重超支、开发周期严重拖延等问题。在时间和成本的双重压力下，开发人员往往不得不采用权宜之计，如省略测试、减少文档编写等以赶工期，这种做法虽然暂时完成了交付任务，却严重削弱了软件的整体质量和后期可维护性。

② 软件的可靠性问题日益凸显。尽管耗费大量人力、物力，开发团队投入极大的精力进行编码和测试，但由于软件系统复杂度迅速提升，而开发工具与方法尚未成熟，系统在运行中频繁出现错误，导致软件出错率大大增加。许多系统在上线后难以稳定运行，甚至引发严重的经济损失和安全事故。这不仅降低了用户对计算机系统的信任，也暴露出软件设计方法和质量控制机制的重大缺陷。

③ 软件系统的可维护性极差。在那个时代，很多软件系统缺乏规范的开发文档和系统说明资料。由于开发流程不规范、版本控制机制缺失以及程序设计方式混乱，维护人员很难理解程序逻辑，更难定位并修复系统中的缺陷。尤其是对于已经交付使用的大型系统，一旦出现问题，维护成本往往高昂，甚至出现“得不偿失”的情况。而且，在维护过程中往往还会因修改一个错误而引入新的缺陷，形成恶性循环。随着系统规模的持续膨胀，维护所需的资源在整个软件生命周期中占据越来越大的比重，严重制约了软件效能的进一步提升。

总体来看，第一次软件危机的根本原因在于软件开发方法和管理体系未能适应日益增长的应用需求和技术复杂性，传统的“工匠式”开发模式暴露出明显的局限性。该危机促使学术界和工业界开始反思和改革软件开发方式，由此诞生了“软件工程”这一概念，强调将工程化的思想引入软件开发全过程，包括需求分析、系统设计、编程实现、测试验证及维护升级等各个环节，从而提高软件的可控性、可靠性和可维护性。

尽管进入 20 世纪 80 年代以后，软件工程理论与实践取得显著成果，面向对象编程方法、结构化设计、模块化编程等技术逐步被引入并推广应用，极大地改善了软件生产效率与质量，但整体来看，软件生产水平仍未完全跟上硬件发展的步伐。软件开发仍然面临着需求变化快、系统复杂性高、团队协作难度大等挑战，软件危机的阴影在很长一段时间内仍挥之不去。

（二）第二次软件危机

继第一次软件危机后，软件工程逐步走上工程化、系统化发展的道路。然而，进入 20 世纪 80 年代之后，随着信息技术的快速发展、计算机应用的不断深化以及系统功能需求的持续增长，软件开发又一次面临了更为复杂且深刻的挑战，第二次软件危机随之爆发。与第一次危机相比，此次危机的根源已不再仅仅是技术方法的滞后，而是在更高层次上凸显了大规模、复杂系统开发的协同难题、效率瓶颈以及成本压力。

首先，软件开发成本的持续攀升成为第二次软件危机的一个显著表现。在这一阶段，得益于微电子技术的迅猛发展，计算机硬件性能不断提升，成本却在不断下降，硬件的普及程度和生产效率大幅提高。但与此同时，软件的开发却依然严重依赖人力投入，其自动化水平相对较低。尤其是面对日益庞大和复杂的软件系统，开发工作往往需要动用数百人甚至上千人的团队，涉及数百万行代码的设计、实现与维护。由于人员管理、项目协调、质量控制等方面的困难，软件开发成本不仅没有下降，其所占比例反而在计算机系统总成本中逐年上升，成为制约信息化发展的瓶颈。

其次，软件开发生产率提升的速度远远赶不上计算机技术普及和应用扩展的速度。在第二次软件危机时期，计算机开始逐步进入政府、企业乃至普通家庭，信息系统、大型数据库、嵌入式系统、网络通信、图形用户界面等软件需求层出不穷。然而，软件工程方法与工具虽然不断发展，但在开发效率上仍难以与快速增长的市场需求相匹配。面对大量新增的应用需求和复杂度急剧上升的系统结构，软件开发者常常陷入“疲于奔命”的状态，产品供不应求的局面愈发明显。这种状况不仅削弱了计算机硬件潜力的发挥，也导致许多应用领域因软件瓶颈而无法快速落地，实现信息化转型的步伐受到严重制约。

第二次软件危机暴露了团队协作管理和软件生命周期控制方面的深层问题。在这一时期，大型软件项目往往涉及多个子系统、多个开发单位和跨地域协同开发，如何在保持开发效率的同时确保系统质量和可维护性，成为工程管理上的重大难题。版本混乱、沟通障碍、需求变更频繁等问题，严重影响了软件项目的进度与稳定性。此外，尽管面向对象编程技术、可视化编程工具和集成开发环境等新技术在此阶段有所发展，但其普及速度有限，尚未彻底解决大规模软件系统开发的结构化管理问题。

从更长远的角度看，第二次软件危机推动了软件工程在深度与广度上的进一步发展。例如，软件架构设计、组件复用、形式化验证、敏捷开发、持续集成等理念与技术逐渐兴起并应用于实践中，试图以更加规范、科学、高效的方式应对复杂软件系统的开发挑战。特别是面向服务架构（SOA）、面向模型开发（MDA）和软件过程改进（如 CMMI 模型）的推广，为解决大规模软件项目中的成本控制、效率提升、质量保障等问题提供了新思路。

第二节　软件工程与生命周期

一、软件工程

软件工程是一门研究软件开发与维护的工程学科。它运用工程学的概念、原理、技术和方法，将经过实践验证的管理技术与当前可行的先进技术手段相结合，应用于软件系统的开发与维护过程。作为一门综合性交叉学科，软件工程融合了哲学、计算机科学、工程科学、管理科学、数学等多个领域的知识体系。

（一）软件工程的目标与要素

1. 软件工程的目标

软件工程的目标主要在于通过系统化、规范化和可度量的方法，实现软件项目的高效开发与持续演进，从而最大程度地保障软件项目的成功实施与交付。其具体目标可进一步分解为以下方面。

① 控制开发成本，降低经济投入。通过科学的项目管理与合理的资源分配，软件工程可以显著减少开发过程中的冗余工作，提升开发效率，从而有效地控制并降低整体成本支出。这一目标不仅有助于提高企业的经济效益，也有助于增强软件产品在市场上的竞争力。

② 满足用户需求，实现预期的软件功能。软件功能的完整性与正确性是衡量软件质量的重要标准之一。通过需求分析、系统设计、测试验证等工程化手段，软件工程能够确保软件系统在功能层面上充分响应用户需求，并具备高度的适应性与扩展性。

③ 提升软件性能。软件工程通过性能优化设计、资源调度算法的优化、并行处理等技术手段，力求开发出响应时间短、处理能力强、稳定性高的系统，确保软件在实际应用环境中能够高效运行，满足高并发、大数据量等复杂场景的使用需求。

④ 强调软件的可移植性。可移植性即开发出的软件系统具备较强的跨平台能力，能够在不同操作系统或硬件环境下无重大修改地运行。为实现这一目标，软件工程倡导采用标准化编程语言、通用中间件及平台无关性设计方法，从而增强软件的适应范围，降低系统重构与再开发的工作量。

⑤ 降低软件的维护成本。软件工程通过模块化设计、良好的文档编制、代码规范的统一以及自动化测试手段的引入，使得后期的软件升级、错误修复和功能扩展更加简便，成本更低，维护效率更高，进而延长软件系统的使用寿命。

⑥ 确保项目按时完成、准时交付使用。在项目周期管理方面，软件工程采用敏捷开发、迭代模型、关键路径分析等方法，加强对项目进度、风险及资源的全面控制，确保开发任务能够在既定时间节点内保质保量地完成，从而提升客户满意度和市场响应速度。

2. 软件工程的要素

软件工程作为一门系统性、工程化的学科，其核心内容由三个基本要素构成，即方法（method）、工具（tool）和过程（process）。这三者相互联系、协同配合，共同构成了现代软件开发与维护活动的理论基础和实践框架。

① 软件工程方法。软件工程方法是指指导软件开发活动“如何做”的一整套技术手段与操作指南，它为软件的分析、设计、实现与维护提供了系统的技术路径与理论依据。具体而言，软件工程方法涵盖了从项目启动到软件退役的各个阶段，包括但不限于：项目计划与成本估算、软件系统的需求获取与需求分析、数据结构的设计、系统总体结构的架构设计、核心算法的构建、程序编码实现、软件测试、

系统集成、部署实施以及后期的运行维护等各项活动。为了增强方法的规范性和可操作性，软件工程方法通常配合使用特定的形式化语言、图形化建模工具（如UML等），并辅以一整套质量控制与保障标准，从而确保软件开发过程中的技术规范性和产品的一致性。

② 软件工具。软件工具是指用于辅助软件工程活动的一类程序系统，它们被设计用于支持软件的开发、调试、测试、模拟、移植、部署以及后期维护等各个阶段。软件工具作为对软件工程方法的自动化或半自动化支撑平台，极大地提高了开发效率和系统可靠性。根据其主要功能，软件工具可大致分为：a. 模拟工具，用于建立和运行系统模型；b. 开发工具，包括集成开发环境（IDE）和代码生成器等；c. 测试与评估工具，用于功能验证和性能评估；d. 运行与维护工具，用于监控系统运行状态和进行故障修复；e. 性能质量工具，用于对软件的非功能性属性进行度量与分析；f. 程序设计支持工具，提供如建模、代码审查和协作功能的辅助工具。近年来，随着软件工程实践的深入发展，众多工具被有机整合，形成了计算机辅助软件工程系统（CASE）。CASE系统通过集成多种软件工具、开发硬件平台以及用于存储和管理开发信息的工程数据库，为软件生命周期的各个阶段提供了统一、集成的支撑环境，从而提升了软件开发的整体效率与质量。

③ 软件工程过程。软件工程过程是将上述方法与工具有机结合，以实现软件系统高效、有序、可控开发的组织机制与管理模式。软件工程过程不仅定义了软件开发中各类活动的先后顺序和执行方式，还规定了各阶段的交付成果（如需求文档、设计文档、测试报告等），明确了项目的质量管理要求、变更控制机制以及阶段性评审节点等关键控制点。一个合理的软件过程模型（如瀑布模型、迭代模型、敏捷开发模型等）对于保障软件项目按时、按质、按量完成具有决定性作用。

（二）软件工程的作用

从软件企业中各类专业人才的角度来看，软件工程在企业内部的实践应用，深入渗透到不同层级的岗位职责与业务流程中，其主要作用体现在多个方面。

① 高层管理人员通过应用软件工程的理论框架与组织管理方法，如CMMI模型、软件过程改进理论等，能够对整个企业的软件生产流程进行战略性部署与资源调配，优化组织结构，实现企业目标与软件开发目标的高效融合；

② 中层项目经理与软件工程师借助于软件工程中的项目管理方法、生命周期模型（如瀑布模型、敏捷开发模型等）、软件过程管理等，能够有效地组织项目团队，分解项目任务，制定可行的开发计划，从而保障软件开发项目的按时交付与质量达标；

③ 软件蓝领工人，即一线开发与编码人员，运用软件工程提供的标准化开发流程、编码规范、测试方法与自动化工具，在实际编程过程中提高代码质量、开发效率与可维护性；

④ 软件营销人员通过掌握软件工程中的需求工程、原型开发、用户体验设计等知识，能够与客户建立起更加专业、高效的沟通机制，准确传达产品定位和功能

特性，增强客户对软件解决方案的信任感与认同感；

⑤ 软件实施与维护人员在软件工程的指导下，依托于系统集成、配置管理、接口调试与性能优化等方法论，能够高效实施软件部署、保障系统稳定运行、及时修复运行缺陷，并根据用户反馈迭代优化软件产品；

⑥ 软件售前人员则在售前方案设计、需求分析、技术文档撰写等环节广泛运用软件工程理念，这有助于提升解决方案的科学性与可行性，从而显著提高投标成功率与客户满意度。

从软件项目管理的视角来看，软件工程在项目管理中的核心价值体现在其能够为软件项目提供系统化、可度量、可监控的全过程管理机制。通过引入项目计划管理、进度控制、风险评估、质量保证等关键管理活动，软件工程确保项目团队能够在既定的时间范围内、控制的成本预算下，开发出符合质量标准与客户需求的软件系统。其中，质量目标不仅包括功能完整性，还涵盖性能指标、用户交互体验以及与外部系统接口的一致性，均以需求规格说明书为依据进行验证与确认。

从软件企业的整体运营与管理层面来看，软件工程通过对软件开发流程、组织结构、团队协作机制等多方面进行持续性规范与改进，在企业内部逐步构建起标准化、制度化、流程化的软件生产环境。通过引入持续集成、持续交付、自动化测试、版本控制等先进技术手段，企业在保障软件开发质量的同时，也提高了组织整体的执行力与响应市场变化的能力。同时，软件工程注重对开发人员专业能力的培养与团队协作文化的建设，有助于不断提升企业的“人力资本”与“组织能力”，从而增强其在激烈的市场竞争中的综合实力。

从软件企业发展演进的进程来看，在软件企业不断发展，逐步迈向规模化、平台化、国际化的过程中，软件工程扮演着至关重要的推动角色。

① 其通过科学化的项目管理与质量控制，有效控制软件开发进度，防止项目延期。

② 其通过流程优化与资源整合，显著节约开发成本。

③ 其通过结构化设计、面向对象分析与测试驱动开发等技术路径，全面提升软件质量。

最为关键的是，软件工程在不断迭代的过程中，帮助企业从根本上克服“软件危机”所带来的开发效率低、质量难以保障、系统维护困难等问题，为企业持续创新与技术升级奠定了坚实基础。

（三）软件工程的基本原则

1. 用分阶段的生命周期计划严格管理

软件工程的实施应当以系统化、规范化的生命周期模型为基础，制定科学合理的开发计划，对软件开发全过程进行分阶段管理。生命周期计划涵盖从需求分析、系统设计、编码实现、测试验证到运行维护的各个阶段，每一阶段应明确其目标、任务、输入与输出，以及所需资源与时间安排。通过分阶段计划的制定与执行，不仅可以增强开发过程的可控性和可预测性，还能有效降低风险，提高项目的整体成功率。这一原则体现了工程化思维在软件开发中的重要性，是实现高质量、高效率开发的前提条件。

2. 坚持进行阶段评审

阶段评审是软件工程过程中的关键控制环节，旨在对每一开发阶段的成果进行系统性、客观性的评估，以确保开发进度与质量符合预期标准。阶段评审包括需求评审、设计评审、代码评审、测试评审等环节，通常由项目管理人员、开发人员、质量保障人员及利益相关方共同参与。通过制度化的阶段性评审机制，能够及时发现和纠正潜在的问题，防止缺陷在后续阶段积累和扩散，从而降低维护成本，提升软件产品的可用性与可靠性。

3. 实行严格的产品控制

在软件开发过程中，必须实行严格的产品控制制度，以确保产品的一致性、完整性和可追溯性。产品控制不仅包括对源代码、设计文档、测试报告等工件的版本管理和配置管理，还涉及对软件变更的管理机制。通过建立健全的变更控制流程，能够明确变更的原因、影响范围及批准流程，避免随意修改导致的软件质量下降。此外，产品控制还强调标准化和文档化，使项目各参与方在共享信息和协同工作时具备共同语言与统一规范。

4. 采用现代程序设计技术

现代程序设计技术是实现高效、可维护软件开发的技术保障。包括结构化程序设计、面向对象设计、模块化设计、设计模式、敏捷建模、持续集成等方法论和技术手段。这些技术不仅有助于提高代码的可读性和可重用性，还能够增强系统的扩展性与可维护性。在实际开发中，程序设计应遵循高内聚、低耦合的原则，合理划分系统功能模块，促进系统的逻辑清晰与物理分离，从而提升开发效率并降低后期维护的难度。

5. 结果应能清楚地审查

软件工程实践要求各阶段的成果应具备清晰的可审查性，即可被他人独立检查、验证与评价。这包括需求文档的明确性、设计图的规范性、代码的规范与注释程度、测试报告的完整性等。具备良好可审查性的成果不仅有助于质量保障人员和项目管理者进行有效监督，也利于项目成员之间的信息共享与任务衔接。同时，清晰的可审查结果是后续维护和升级的重要依据，是实现软件工程“可重复、可评估、可改进”的核心保障。

6. 开发小组的人员应该少而精

在软件工程实践中，团队规模的合理控制与人员素质的优化配置具有重要意义。小而精的开发团队往往沟通效率高、协作成本低，能够快速响应需求变化并保持良好的执行力。这类团队强调成员的多面技能与高水平专业素养，通常具备较强的问题分析、系统设计、编码实现及测试调优能力。同时，小规模团队更容易形成紧密的协同机制与统一的开发规范，从而提升开发效率与产品质量。

7. 承认不断改进软件工程实践的必要性

软件工程作为一门具有高度实践性与应用性的学科，其方法论和技术体系需要在实际应用中不断完善与演进。面对不断变化的用户需求、技术环境和市场竞争，唯有不断总结经验教训、反思不足并持续改进，才能保持软件工程实践的适应性与先进性。这一原则体现持续过程改进的思想，其核心在于通过度量、反馈与优化机制，不断提升开发流程、工具、方法和团队协作的整体能力，最终实现软件产品质量的稳步提升与开发效率的持续优化。

二、软件生命周期

在现代软件工程领域中，为了系统、科学地组织和管理软件的开发过程，学术界引入了“软件生命周期”的概念。该概念将软件从构思到废弃的整个过程划分为若干阶段，通过分阶段、分步骤地推进开发任务，以实现对软件项目全过程的精细化控制。软件生命周期不仅为开发人员提供了清晰的开发路径，也为项目管理、质量控制及资源分配提供了坚实的基础。

软件生命周期可比拟于自然界中生物从诞生到消亡的过程，其具体包括七个阶段：可行性分析、需求分析、概要设计、详细设计、编码、测试和维护。这一分阶段体系虽具有较强的通用性，但在实际应用中仍需根据具体项目的规模、类型、开发方式与环境等进行适当调整。然而，不论如何调整，划分生命周期阶段的基本原则必须遵守，即阶段任务相对独立、内部任务性质一致，目的是降低复杂性、减少交叉干扰，优化项目组织与协作流程。

第一阶段为可行性分析，此阶段的任务在于从技术、经济与操作性三个维度综合评估项目实施的可能性。通过访问用户、开展调查与讨论，系统分析师需明确项目的性质、目标与规模，并据此分析项目是否值得开发，是否具备可行的解决方案。

第二阶段是需求分析，该阶段的核心在于理清软件“应该做什么”。由于客户对自身业务的理解与软件技术实现之间往往存在鸿沟，因此系统分析师必须充当桥梁角色，深入了解客户业务流程、数据处理逻辑及使用需求，并将这些需求条理化、系统化地转化为完整、准确的需求规格说明。需求分析质量的优劣直接关系到整个软件项目的成败，是软件开发活动中的关键环节。

第三阶段是概要设计，其任务是将需求转化为系统的总体架构。这一阶段需构建一个合理的软件结构体系，并将需求功能划分到若干功能模块中。每个模块承担特定功能，模块间需建立清晰的层次关系。同时，概要设计还涉及系统总体数据结构与数据库结构的规划，明确系统所需存储的数据内容及其之间的关系，以为后续详细设计与编码打下坚实基础。

第四阶段为详细设计，此阶段需对概要设计中定义的每个模块进行更精细化的描述，构建模块的具体逻辑控制结构，包括条件判断、流程控制、循环处理等内容。详细设计的质量直接影响代码编写的可行性和效率，良好的设计可显著降低后续阶段出错率，提高软件的可维护性。

第五阶段是编码，即将设计转化为可执行程序的过程。在此阶段，开发人员使用选定的程序设计语言将模块逻辑实现为源程序代码。高质量的编码应遵循结构清晰、语义明确、风格统一等原则，确保源代码不仅能够实现功能，而且便于阅读与维护。

第六阶段为测试，其主要任务是发现并修复软件中的错误，以验证其功能与性能是否满足设计要求。测试过程通常分为模块测试、集成测试和确认测试三个层次。模块测试主要检验单个模块的逻辑正确性；集成测试关注模块之间接口的协调性；而确认测试则依据需求文档逐条验证软件是否达标，最终判断其是否具备交付条件。

第七阶段为维护，是软件生命周期中时间最长、投入最多的阶段。软件一旦投入运行，便需面对使用环境变化、用户需求调整及程序缺陷等问题，这就需要不断对软件进行修复、改进与扩展。软件维护不仅保障了软件的持续可用性，也体现出软件生命周期管理的长期性和动态性。

尽管软件生命周期划分为七个阶段具有较强的理论指导意义，但实际开发过程中往往呈现出“波浪式”或“螺旋式”推进的特征。开发过程中任一阶段的发现问题，都可能导致对前一阶段工作的反复修正，如在编码阶段发现设计不合理，需回到设计阶段进行调整，或在测试阶段发现需求理解偏差，又需返回需求分析阶段重新梳理。这种反复迭代的过程，虽增加了开发的复杂性，却是实现软件高质量的重要保障。

第三节　软件开发与常用工具

一、软件开发方法

软件开发方法是指导软件从需求获取到系统交付整个过程的一系列系统化方法论和实践操作步骤的集合。它不仅决定了开发流程的系统性与规范性，更是影响软件质量、开发效率及后期维护成本的关键因素。现代软件开发方法多种多样，既体现了计算机科学与工程技术的发展成果，也反映了人们对复杂系统开发理解的不断深化。其中，结构化开发方法、面向数据结构的开发方法和面向对象的开发方法，作为三种具有代表性的技术路径，分别在不同历史阶段和应用背景中发挥了重要作用，值得深入探讨。

1. 结构化开发方法

结构化开发方法，即结构化分析与结构化设计（SASD）是 20 世纪 70 年代提出的一种经典的软件开发方法，其核心指导思想是“自顶向下、逐步求精”，强调系统功能的层次化分析与设计。这种方法的基本原则包括功能分解与抽象，意在将复杂系统拆解成层次清晰、职责分明的功能模块，从而降低系统复杂度，提高开发与维护效率[1]。

结构化开发主要包括三个阶段：结构化分析、结构化设计和结构化程序设计。

[1] 何礼富．软件工程与项目管理［M］．长沙：国防科技大学出版社，2009：13-14.

结构化分析主要通过绘制数据流图（DFD）来刻画系统中的信息流和功能活动，从而建立系统的逻辑功能模型，实现对用户需求的形式化描述。结构化设计则将分析阶段的功能模型转化为具体的模块结构和系统架构，常借助软件结构图（如 HIPO 图、程序流程图等）实现系统的概要设计。结构化程序设计阶段，依据模块设计结果，采用如顺序、选择和循环等基本控制结构对模块进行实现，确保程序逻辑的清晰性和可读性。

结构化方法在早期大型信息系统开发中起到了重要作用，它强调逻辑清晰、文档完备、过程可控，适用于需求稳定、功能明确的系统开发。然而，该方法在面对需求频繁变动、用户参与度高、系统交互复杂等现代软件项目时，表现出灵活性不足、对数据结构考虑不够全面等局限性。

2. 面向数据结构的开发方法

面向数据结构的开发方法则从数据出发，强调“程序＝数据结构＋算法”的开发思想，认为控制逻辑应紧密围绕数据结构展开。这一方法基于一个重要观察：系统中处理数据的过程与数据本身的结构存在高度一致性。因而，开发者可根据系统输入与输出数据的结构，推导出程序的总体框架，再逐步填充具体控制逻辑与算法细节，从而构建完整的系统实现。这种方法在处理中小型系统，尤其是商业类应用系统中，如财务报表、库存管理、订单处理等文件型系统中效果尤为显著。由于这类系统的输入输出格式较为稳定、数据结构较为规范，开发者可以迅速建立起逻辑清晰、结构合理的程序框架。同时，该方法也常与结构化方法或其他设计思想结合使用，用于模块的详细设计阶段，提高程序可读性和可维护性。

然而，面向数据结构的开发方法通常较少关注系统的动态行为和用户交互，在面对需求高度复杂、对象关系多变或需要高度模块化和重用的软件系统时，存在一定的适用性局限。

3. 面向对象的开发方法

面向对象的开发方法可以说是软件工程发展历程中的一次重大飞跃。该方法模拟人类认知世界的方式，将客观世界抽象为“对象”，对象不仅包含数据（属性），还封装了处理这些数据的方法（行为），并通过类的机制进行抽象与复用。这种“万物皆对象”的思想，使得面向对象的开发方法具有天然的模型直观性和系统可扩展性。

面向对象的开发方法的核心是“对象”与“类”，并借助继承、多态、封装等机制，实现系统功能的高内聚、低耦合。在软件开发的早期阶段，面向对象分析（OOA）通过识别现实世界中的对象及其相互关系建立问题模型；在设计阶段，面向对象设计（OOD）进一步将抽象的对象模型转化为系统结构模型；在编码阶段，面向对象编程（OOP）利用面向对象语言（如 Java、C＋＋、Python 等）实现系统功能。

代表性的面向对象方法如对象建模技术（OMT），采用自顶向下与自底向上相结合的方式进行系统开发，不仅重视数据结构和数据流，也强调对象之间的交互、状态转换和行为驱动。这种方法尤其适合于复杂系统、实时系统、大型企业应用以及高度模块化的软件产品开发，极大地推动了软件开发的工业化和体系化进程。

面向对象的开发方法强调抽象建模与系统复用，使得系统更具可维护性与可拓展性，同时也利于团队协作开发和迭代演进。其缺点则可能表现在学习曲线相对较陡，建模初期成本较高，且对开发者抽象思维能力要求较高。

二、软件开发模型

软件开发模型是指软件开发的全部过程、活动和任务的结构框架。软件开发包括计划、需求、设计、编码、测试和维护等阶段，软件开发模型清晰、直观地表达了软件开发的全过程，明确规定了要完成的主要活动和任务，可以用来作为软件开发工作的基础。软件开发模型包括瀑布模型、快速原型模型、渐增模型、螺旋模型、喷泉模型和构件化开发模型，具体介绍如下。

1. 瀑布模型

瀑布模型作为经典的软件工程开发方法，其基本理念在于将整个软件开发过程划分为若干连续、依次进行的阶段，从而实现流程的规范化与开发任务的有序推进。该模型通过结构化的分析与设计方法，实现了逻辑实现与物理实现的分离，有效促进了各开发环节的分工协作。在具体实践中，瀑布模型将软件生命周期划分为软件计划、需求分析与定义、软件设计、软件实现、软件测试以及软件运行与维护六个基本阶段，并严格遵循从上至下、依次推进的工作顺序，呈现出如瀑布般逐层递进的过程特征。

瀑布模型的显著优势体现在其阶段性顺序的严格性。每一阶段的输出不仅构成下一阶段的输入基础，而且其质量直接影响后续开发工作的有效性。若某阶段出现问题，往往需回溯至上游阶段以进行问题溯源与修正。因此，该模型尤为适用于需求清晰、技术成熟、项目管理规范的开发环境。瀑布模型有意推迟编码阶段，强调在程序编写前完成详尽的分析与设计工作。通过在编码之前设置计划、需求、概要设计与详细设计等阶段，有效实现逻辑设计与实际编码的分离，进而提升系统开发的整体效率与质量。瀑布模型重视文档建设，要求在各阶段形成规范文档并进行严格复审，借此发现潜在问题、降低开发风险，从而保障软件产品质量的可控性与可追溯性。

2. 快速原型模型

快速原型模型（又称原型模型）是为了解决传统瀑布模型在软件开发过程中需求不明确的问题而提出的。瀑布模型的前提是软件需求必须十分明确，但在实际开发中，获取完全一致、准确、合理的需求往往是困难的，因此快速原型模型应运而生，其尤其适用于需求不明确或不断变化的情境。

快速原型模型的核心思想是在开发最终系统之前，先构建一个原型系统。该原型系统用于与客户或未来用户进行交互，客户对原型进行反馈，给出改进意见，开发人员在此基础上逐步完善系统功能，直至最终满足客户需求。这一过程使得开发人员能够在开发初期就与客户进行沟通，减少由于需求不明确带来的风险，并逐步明确和细化最终系统的需求。

快速原型模型的第一步是快速构建一个初步原型，并通过与客户的互动获得需求反馈，逐步调整和优化原型。接下来，开发人员在此基础上进行系统的修改、完善，最终完成软件的开发、测试和维护，交付给客户。通过这种方式，客户可以看到一个动态变化的原型，并对其进行持续的评价和反馈，确保最终软件产品符合其实际需求。

根据原型使用后的处理方式，快速原型模型可分为两种类型：渐增型和抛弃型。渐增型原型开发完成后，原型不需要丢弃，它已经满足了部分客户需求，经过进一步精化和迭代，原型可以逐步演化为最终软件系统。而抛弃型原型则在原型开发完成后，原型本身会被丢弃，开发人员根据反馈信息重新开发最终产品。

与瀑布模型相比，快速原型模型具有显著优势。它通过直观的原型演示，帮助客户更清晰地理解系统的功能，进而更容易接受并参与需求的调整和修改。此外，快速原型模型在开发过程中提供了及时的反馈和问题暴露机制，有效避免了需求不明确所带来的风险，并利用新一代开发工具提高了开发效率。

尽管快速原型模型相较于瀑布模型更能适应需求不明确或变化的情况，但它仍属于线性顺序的开发模型。随着软件开发的不断演化，逐渐出现了更为灵活的开发模型，如渐增模型和螺旋模型，这些模型能够更好地适应不断变化的用户需求。

3. 渐增模型

渐增模型结合了瀑布模型的直线式开发和快速原型模型的迭代开发思想，旨在弥补传统开发方法的不足，并更好地满足用户需求。其开发过程将整个软件开发分为若干个独立的轮次，每轮都包括分析、设计、编码、测试等基本环节。在每一轮的开发完成后，都会产出一个可用的软件版本，并交付给用户进行使用和评价。第一轮的产品通常只涵盖了基本需求，后续版本会根据用户反馈进行相应的修改和功能扩展，直到最终版本完成。

与快速原型模型相似，渐增模型也采用了迭代开发的方式，但两者在实现上有所不同。在渐增模型中，每一轮的产物都是一个完整、可操作的版本，用户可以在每一轮中获得一个高质量的版本。而在快速原型模型中，每一轮提供的产品往往是简化版，功能和性能相对较为初步，主要目的是为了快速收集反馈，而不是提供最终可用的软件产品。

渐增模型的优点在于其能够在开发过程中不断向用户提供实际可用的版本，无需等待到最终版本完成时才能进行使用。这种方式大大提高了用户的参与度，用户可以在整个开发过程中不断提供反馈和建议，从而确保最终软件能够更好地符合用户需求。因此，渐增模型比传统的瀑布模型更能满足动态变化的需求，同时也有助于提升软件的接受度和用户满意度。

4. 螺旋模型

螺旋模型结合了瀑布模型和快速原型模型的特点，尤其引入了二者所忽略的风险分析环节，成为一种更加完善的软件开发模型。它将软件开发过程分为四个主要活动：制定计划、风险分析、实施开发和客户评估。这些活动通过螺旋式的迭代过程逐步推进，每一圈的完成都意味着软件项目的进一步完善。

制定计划阶段是螺旋模型的起点，在这一阶段，开发团队需要明确软件项目的目标，选定适合的实施方案，并确定项目开发的限制条件。通过详细的计划，团队可以确保开发方向的正确性和项目的可行性。

接下来是风险分析环节，开发团队对所选方案进行深入分析，识别可能的风险，并提出相应的消除或缓解风险的措施。风险分析的引入，使得螺旋模型能够在早期识别潜在问题，防止项目因不可预见的风险而遭遇重大失败。

实施开发阶段仍然遵循瀑布模型中的传统步骤，如需求分析、系统设计、编码及测试等。这一阶段旨在确保软件的具体功能和性能得以实现，并为后续的评估和反馈提供可操作的成果。

客户评估环节通过收集客户对软件功能和性能的反馈，帮助开发团队了解软件的实际使用情况，并根据客户的建议进行必要的修改。这一环节的持续反馈，不仅能够及时调整开发策略，还能不断优化软件的质量。

螺旋模型的核心优势在于其迭代式的开发过程，每一次迭代都包括制定计划、风险分析、实施开发和客户评估四个步骤，确保每个阶段都经过充分的验证和调整。此外，由于螺旋模型特别重视风险管理，当项目中期出现重大风险时，模型可以及时终止项目，避免在投入大量资源后因风险未被提前识别而导致项目失败的情况。这种灵活性和风险控制能力，使得螺旋模型在软件开发中具有独特的价值。

5. 喷泉模型

喷泉模型是一种面向对象的软件开发模型，它主要用于解决传统开发过程中的一些问题，如客户需求不清晰、开发者与客户沟通不足等。这些问题导致软件与客户真实需求之间的偏差，增加了修改和维护的难度。该模型通过强调软件开发过程的迭代性和并行性，旨在提高开发效率并降低开发成本。

喷泉模型的核心思想是将客户需求作为驱动力，以对象为开发的核心单位。它强调软件开发各阶段的重叠性，类似喷泉中水流的不断上下反复。在喷泉模型中，各个开发阶段并非严格依赖于前一阶段的完成，而是可以交替进行，甚至在某个阶段可以返回前一个阶段进行补充或调整。与传统的瀑布模型不同，喷泉模型允许分析、设计和编码等活动在同一时间段内进行，从而实现灵活的并行开发。

喷泉模型的一个显著特点是其“无间隙性”，即各阶段之间没有明显的界限。例如，在分析阶段完成后并不意味着设计阶段必须紧接着开始，设计和实现的边界也是模糊的。这种迭代性和无间隙性为软件开发提供了更高的灵活性和更快速的反馈机制。此外，喷泉模型以增量式开发为特点，它依据部分需求进行部分设计，不强求某一阶段的完全完成，整个过程通过不断细化、逐步完善来满足最终目标。

从资源消耗角度来看，喷泉模型反映了软件开发的塔形资源分布。在分析阶段，开发团队消耗的资源最多，因为需求不明确时需要更多的工作来澄清和界定。随着开发过程的推进，资源消耗逐渐降低。喷泉模型也体现了软件开发过程的迭代特性，即可以在高层次返回低层次进行改进，而不需重新消耗大量资源。

然而，喷泉模型也存在一定的缺点，由于其阶段间的重叠性，开发过程需要较多的开发人员进行同步工作，这给项目管理带来了较大的挑战。此外，喷泉模型要求严格的文档管理和需求跟踪，随着信息、需求和资料的不断增添，文档审核的难度也随之增加。

6. 构件化开发模型

构件化开发模型是一种基于面向对象技术的开发方法，它强调通过复用构件来提高软件开发效率与质量。随着软件开发技术的不断演进，面向对象技术逐渐成为主流，成为构件化开发模型的技术支撑。面向对象技术的核心概念是类的应用，类封装了数据和操作这些数据的方法，能够在不同应用中复用。而构件化开发模型的核心正是构件复用，构件在不同项目中的共享使得开发变得更加高效。

构件化开发模型通常用于演化式或迭代式的开发过程。在开发初期，团队与客户进行详细交流，首先确定问题的定义，并标识出项目中基本的类。这一过程不仅帮助明确需求，也为后续的开发奠定基础。在随后的开发阶段，团队会识别候选类，并在已有的类库中查找是否已有对应的类。如果存在，就直接提取并复用这些类，从而节省开发时间和资源；如果不存在，则需要通过面向对象的方法来创建新的类，并将其加入类库中，确保其可复用性。

一旦初步完成系统的构建，客户会参与评估，进行第一次迭代反馈。这种反复迭代、螺旋向前的开发模式，使得项目逐步完善，并不断吸取客户的反馈，以确保最终产品满足需求。通过这种方式，构件化开发模型不仅促进了软件系统的高效构建，也提高了软件的灵活性和可维护性，能够应对不断变化的需求和技术环境。

三、软件工具与支撑环境

为了减少软件生产对人的依赖，可以通过软件工具来支撑软件人员的工作，这对于提高软件生产效率及软件产品的可靠性是十分有效的。

（一）软件工具的分类

软件工具是指用于协助开发、测试、分析、维护其他计算机程序及其相关文档的一类专门程序。这些工具不仅涵盖了编辑器、调试器、诊断程序等基础性工具，还包括支持大规模软件系统开发与维护的高级工具体系。特别是在现代软件工程实践中，需求分析工具、设计工具、编码工具、确认工具以及维护工具等构成了完整的软件工程工具链，它们通过自动化手段在软件的各个生命周期阶段发挥着不可替代的作用，从而有效提升了软件开发的效率、可靠性和可维护性。

1. 需求分析工具

需求分析工具的主要功能在于辅助系统分析人员将用户提出的初始需求进行系统化、结构化处理。由于客户在表达需求时往往存在不明确、不一致甚至冲突的情况，需求分析工具通过形式化建模、逻辑推理与语义检查等手段，对用户需求进行一致性、完备性及可追踪性分析，最终形成用于指导后续软件设计的功能需求说明书及相应的文档资料。这类工具常集成有图形化建模界面、需求管理数据库及需求变更控制功能，是实现软件需求工程自动化的关键支撑。

2. 设计工具

设计工具的核心功能是依据经过确认的功能需求说明，辅助开发人员完成软件系统的概要设计和详细设计工作。这些工具通常支持结构化设计、面向对象设计或面向服务设计等方法论。通过这些工具，可以自动生成包括软件体系结构说明、模块划分、数据流程图、类图、接口定义等在内的一系列设计文档，从而规范化和标准化设计过程，增强系统设计的逻辑性和可理解性。

3. 编码工具

编码工具主要用于将设计阶段所产生的结构化文档转化为具体的可执行代码。这类工具包括各种应用程序生成器、集成开发环境中的代码自动生成插件等，其基本原理是将设计模型映射为目标编程语言中的程序代码。通过减少人工编码操作，编码工具有效降低了因人为错误导致的缺陷，同时加快了程序开发进程，有利于实现快速迭代开发和持续集成。

4. 确认工具

确认工具用于验证和确认软件产品是否符合最初的需求说明，其核心任务是通过一系列系统化手段，评估程序编码与执行结果的正确性和一致性。确认工作涵盖了静态分析、动态测试、形式化验证以及逻辑推理等方面。静态分析工具可以在不运行程序的情况下检查代码的语法错误、潜在缺陷和结构缺陷，而动态测试工具则在程序运行过程中通过输入数据和测试用例发现程序的运行错误。目前，尽管存在一些集成化的确认工具平台，如集成测试环境和自动化测试框架，但真正具备全面确认能力的一体化工具系统仍较为稀缺。

5. 维护工具

软件维护是软件生命周期中持续时间最长、资源消耗最大且复杂性较高的阶段。维护不仅包括错误修复，还涉及功能增强、适应性修改和预防性改进。维护工具旨在支持这一阶段的自动化和高效化，具体功能包括源代码分析、版本管理、文档更新同步、逆向工程、再工程等。通过引入维护工具，不仅能够显著降低维护成本，提高软件系统的可扩展性与可演化性，还可延长软件产品的生命周期，提升其综合质量。

软件工具在现代软件工程体系中扮演着至关重要的角色，各类工具在不同阶段的有效配合，不仅优化了软件开发流程，还为实现软件产品的高质量交付提供了技术保障。随着软件工程理论与技术的不断发展，软件工具也将朝着更加智能化、自动化、集成化的方向持续演进。

（二）软件开发的支撑环境

在现代软件工程实践中，软件开发的支撑环境作为保障开发效率与软件质量的重要基础设施，已成为推动软件工业持续发展的关键组成部分。软件开发支撑环境，指在底层硬件与操作系统基础之上，构建起一个面向软件生命周期各阶段的集成性工具集合，其核心目标在于为软件的开发、测试、维护、配置管理乃至质量保障等活动提供系统化、可扩展的支撑平台。

软件开发支撑环境不仅包括如编辑器、编译器、调试器、版本控制系统等基础工具，更通过统一的接口、集成的数据库以及高效的命令调用机制，实现各类工具之间的有机衔接与信息共享，从而有效降低系统复杂性，提高开发自动化水平。此外，该环境的构建往往需综合考虑多重因素，如开发任务的周期长短、项目预算的充足程度、系统预期寿命、开发团队构成、所涉应用领域以及软件系统的规模与质量要求等，故其设计与实施具有较强的系统性与专业性。

当前，世界范围内诸多国家与大型企业均已建立起适用于不同应用场景的软件开发支撑环境。我国亦高度重视此领域的研究与投入，积极探索具有自主知识产权的支撑环境建设路径，力求构建国产化、智能化的软件开发生态体系。可以预见，软件开发支撑环境的持续优化将进一步推动软件工程由手工业式向工业化、标准化方向跃升。

第二章
软件可行性分析与需求工程

在信息技术飞速发展的当下，软件项目已成为推动各行业变革的核心力量。然而，软件项目的高失败率始终是行业痛点，其根源往往在于项目初期缺乏科学的可行性分析以及明确、全面的需求定义。本章聚焦软件可行性分析与需求工程，从项目计划制定、需求获取、分析建模到评审管理，系统阐述如何确保项目在技术、经济、操作层面具备可行性，并精准捕捉用户需求，为后续设计与开发奠定坚实基础。本章内容对提升软件项目成功率具有重大现实意义。

第一节　软件可行性分析与项目计划

项目实施过程中涉及多个核心变量维度，包括成本投入、时间周期、质量标准及规模边界。在复杂的工程实践中，尽管有时存在技术障碍，但并非所有问题都有现成的解决方案。许多现实约束条件使得特定问题难以在预设的时间框架或资源条件下得到有效解决。从系统科学视角审视，缺乏技术可行性的方案本质上不具备资源投入的合理性，因为此类项目既不会产生实质性进展，亦无法创造任何正向价值。基于此，在启动任何技术攻关或工程开发前，必须建立科学严谨的可行性论证机制，通过量化评估技术路径的可达性、资源匹配度及风险可控性，确保项目实施方向与客观条件相契合。当可行性分析通过后，需进一步构建系统化的项目规划体系。

一、可行性分析概述

（一）可行性分析的目标与范围

可行性研究旨在通过理性分析验证软件开发项目的潜在可实施性与经济合理性。其核心在于，以最少的资源投入迅速评估问题域的可解决性，而非直接着手解决技术上的难题。该过程通过系统性权衡多种技术路径的利弊，量化项目规模与目标设定的现实性，进而判断预期收益是否超越开发成本阈值。

在方法论层面，可行性分析本质上构成了一种高度抽象的系统建模过程。研究者通过缩短传统系统分析的设计周期，能够在战略高度上构建出概念原型，识别出关键的约束条件，并对风险敞口进行量化。这种抽象化建模不仅涵盖技术可行性维度，更融合经济、操作与时间可行性等多维度进行考量，形成综合效益评估体系。

技术路径评估过程中，研究者需运用成本效益分析框架，以量化潜在解决方案的边际收益，通过敏感性分析验证系统参数的稳健性。在此基础上，构建的可行性报告应呈现项目实施的临界条件集合，为决策者提供基于证据的判断依据。这种分析范式确保了资源分配的科学性，避免了因盲目投入导致的机会成本损失，同时为后续系统设计提供了约束条件与优化方向。

（二）可行性分析的任务

在可行性研究过程中，问题定义的明确性构成了分析工作的逻辑起点。问题定义阶段需精准界定问题的边界与目标，经初步评估来验证其合理性。若问题定义存在偏差，则需及时修正以确保后续分析的科学性。在此阶段，还需全面梳理系统开发所面临的约束条件，包括技术、资源及环境等方面的限制，以此来确保分析框架的全面性和完整性。

问题定义完成后，分析人员需构建系统的逻辑模型，此模型将作为后续方案设计的基石，因此必须详尽地体现系统的功能需求与结构特征。基于逻辑模型，分析人员应提出多种可行的系统实现方案，并从多维度评估每种方案的可行性。具体而言，可行性分析需涵盖以下核心维度。

1. 技术可行性

技术可行性评估的主要目的是验证系统功能与性能需求是否能够通过现有的技术手段或团队所具备的技术能力得以实现。在执行此评估时，需全方位审视技术选型的成熟度，预估引入新技术可能潜藏的风险，并评估技术资源的实际可用性。这样的分析有助于确保所提出的方案在技术层面是切实可行的，能够顺利实施。

2. 经济可行性

经济可行性分析主要关注成本效益的量化评估。通过构建一个详尽的成本效益分析模型，需要对系统开发、维护以及运营的全周期成本进行精确的估算。这涵盖了直接成本和间接成本的核算，并通过与预期收益的对比分析，来全面评估项目的经济效益。此外，还需评估系统开发对组织其他业务或利润的间接影响，以确保经济回报的合理性与可持续性，从而为决策者提供有利的经济依据。

3. 实施与操作可行性

实施与操作可行性分析主要聚焦于系统在组织环境中的适应性。在进行这项分析时，需要综合评估组织架构、管理模式、用户操作习惯以及系统接受度等因素。这些因素对于系统能否顺利部署并被有效使用至关重要。通过深入细致的分析，能够确保系统与组织的现有环境和流程高度契合，进而有效降低实施风险，大幅提升系统的成功率。

4. 其他可行性

除了上述的可行性分析之外，还需要从法律合规性、社会效益等角度补充评估。这一步骤确保系统开发不仅符合外部规范，如法律法规、行业标准等，而且能够产生积极的社会影响。例如，系统可能需要满足特定的隐私保护要求，或者在设计时考虑对环境的影响。这样的评估有助于确保项目在更广泛的范围内是可行的，并且能够为社会带来正面的价值。

（三）可行性分析的步骤

可行性分析的标准化流程涵盖以下核心环节。

① 对系统边界与核心目标进行迭代验证，通过多维度需求溯源机制确保问题域的精准界定，此过程强调动态需求对齐而非静态文档解读。

② 对既有系统进行结构化解析时，需重点关注功能抽象层面，而非深入技术实现细节，通过构建功能-数据的双重对比矩阵，逻辑地推导系统演进路径。

③ 在构建新系统概念模型阶段，采用逆向工程方法将物理实现解耦为逻辑单元，并基于领域驱动设计原则重构目标系统的核心域模型。

④ 需求再确认阶段注重利用数据流实现闭环验证，通过构建形式化的需求模型（例如UML用例图与状态机图的联合应用），确保需求规格的语义完整性。

⑤ 在方案推演阶段，运用多目标决策分析技术，建立包含技术可行性、经济合理性、组织适配性的三维评估体系，采用层次分析法（AHP）量化各备选方案的相对优劣。

⑥ 决策建议阶段需构建动态成本效益模型，运用蒙特卡罗模拟技术，精准预测全生命周期成本，并构建敏感性分析矩阵，有效识别关键风险因子。

⑦ 开发计划编制应遵循敏捷规划原则，采用迭代式里程碑管理策略，精细划分项目，将其分解为清晰可度量的价值交付单元。

⑧ 最终文档体系需满足三层溯源要求：技术方案需紧密关联需求溯源矩阵，成本估算需附上详尽的参数敏感性分析报告，风险预案则需涵盖定量化的风险敞口计算。

整个分析过程强调多方协同的验证机制，通过建立跨职能评审委员会，采用结构化决策会议方法，确保分析结论的客观性与可验证性。

二、软件的技术可行性与经济可行性

（一）软件的技术可行性

技术可行性分析作为系统工程的核心评估维度，其本质是对用户需求与技术边界间的适配性进行严谨推演。该过程既需综合考量既有技术架构的支撑能力、新兴技术应用的潜在风险以及技术团队的适配性，也需通过构建多维度评估模型回答系统构建的三个基础命题：技术实现的可达性、性能表现的优化性以及开发周期的可控性。

在技术可行性分析框架下，系统流程图、数据流图与数据字典等可视化工具构成技术方案论证的基础工具集。系统流程图作为物理系统抽象表征的传统方法，通过标准化图形符号实现对系统组件的黑箱化描述，其符号体系涵盖数据处理节点、数据交互端口、流程控制枢纽及存储介质标识等元素。此工具专注于描绘数据流动的拓扑结构，而非控制流程，从而在方法论上与程序流程图形成了鲜明的对比。例如，系统流程图通过特定符号体系对数据存储介质（如联机存储、磁盘阵列）及人工操作节点（如脱机数据录入、辅助设备操作）进行规范化表征，为技术路径选择提供可视化支撑。

在方案择优过程中，问题定义的精细化澄清构成技术选型的逻辑起点。分析人员需要通过迭代式需求分析来验证初始目标的合理性，并对约束条件进行规范化的描述。基于逻辑模型导出的多路径解空间探索，要求从技术、经济与操作三个维度构建综合评估矩阵：技术维度需评估既有技术栈的兼容性及扩展性；经济维度需量化投入产出比并建立成本效益模型；操作维度则需评估系统架构与组织流程之间的契合度。该评估体系通过多维约束条件的协同优化，确保技术方案在满足功能需求的同时，实现资源利用效率的最大化与系统演进路径的可持续性。

（二）软件的经济可行性

软件开发被视为一种资本性投资活动，其核心目标是通过实现预期的经济效益来提升组织的战略价值，这一点在对投资回报率（ROI）的精确评估和项目投资分析中得到了体现。经济效益的实现往往依赖于运行成本的削减或收入增长的促进，而开发过程中不可避免的不确定性风险，则要求我们必须通过经济可行性分析，对投资回报率进行更为细致和严谨的评估。该分析框架旨在从经济学视角量化软件开发项目的潜在收益与成本，为决策者提供科学依据，助力其在资源有限的约束条件下做出理性投资选择。

1. 成本估计

软件作为资金与技术密集型产品，其开发成本主要体现为智力资源与技术投入的货币化表达。成本估计的准确性直接决定项目预算的合理性，偏差过大会引发资源错配甚至项目失败。软件的成本构成主要可以分为直接成本与间接成本两大类。

直接成本为可明确追溯至特定项目的资源消耗，涵盖人力投入、硬件购置及软件授权费用。例如，项目所需计算设备与网络设施属于直接资源耗费，其成本可精确计量。间接成本则主要来源于多项目共享的资源以及组织管理活动，具体包括项目管理成本和组织层面的一般管理成本。前者指与特定交付物无直接关联但对项目整体运行至关重要的支出（如团队培训与质量管控），后者为组织层面的固定成本分摊（如高层管理费用）。

成本估算方法需结合多维度技术进行交叉验证。常用方法包括基于代码行的度量技术、任务分解估算技术及自动化成本预测工具。

① 基于代码行的度量技术。尽管代码行技术通过历史数据与经验模型，将功能实现所需的代码规模与开发成本建立关联，并在历史数据充分的情况下具有较高可靠性，但其局限性在于：仅以代码行数来代表整个软件的复杂性。为了更全面地评估软件可靠性，可以考虑结合基于代码指标的评估方法，如考虑代码的健壮性、错误处理能力等因素，以及在项目初期和代码完成阶段进行提前预测，以进行代码质量评估及优化。

② 任务分解估算技术。任务分解法通过将项目分解为独立子任务，逐项估算各任务所需人力与单位成本，最终汇总得出总成本。该方法常以软件开发生命周期的里程碑为分解依据，项目各阶段的人力分配比例可依据项目的复杂程度进行灵活调整。

③ 自动化成本预测工具。该工具基于 COCOMO 等成熟模型，通过历史数据训练实现成本预测。为确保估算的准确性，该方法依赖于大规模样本数据，特别适用于复杂系统的成本量化分析。

2. 成本/效益分析

成本/效益分析通过量化开发成本与预期收益的关系，为投资决策提供经济学依据。系统经济效益由新增收入与运行成本节约共同构成，其总量与软件生命周期长度呈正相关。由于投资与收益的时间错配，需引入货币时间价值概念进行折现分析。

货币时间价值通过利率模型量化资金的时间属性。未来收益需折算为现值后与初始投资进行比较，以消除时间因素对经济指标的影响。例如，办公自动化系统每年节省的运行成本需通过折现率换算为当前价值，方能与开发投资进行等价比较。

投资回收期，作为衡量项目经济性的核心指标之一，指的是从投资开始到收回全部初始投资所需的时间。根据行业和项目类型的不同，投资回收期的合理范围也有所差异。例如，电动自行车充电站的正常回本周期较短，一般在 6 个月到 1 年左右，而长期投资的投资回收期在 3 年以上。投资回收期越短，通常意味着项目资金周转效率越高，投资风险相对较低。然而，投资回收期只是评估投资的一个方面，投资者在决策时还需考虑其他财务指标，如净现值（NPV）、内部收益率（IRR）以及项目的风险和收益，以全面评估投资项目的可行性。例如，某办公自动化系统在第三年实现累计效益超越初始投资，其回收期可通过线性插值法精确计算。

纯收入作为重要经济指标，衡量系统生命周期内累计效益与投资的差值。若纯收入为正，则项目经济上可行；反之，则可能预示项目面临亏损风险。该指标可与机会成本对比，为投资决策提供多维度参考。

三、软件项目计划

在软件开发过程中，软件项目计划处于十分重要的地位，涉及实施项目的各个环节，是有条不紊地开展软件项目活动的基础，是跟踪、监督、评审计划执行情况的依据。没有完善的工作计划常常会导致事倍功半，或者使项目在质量、期限和成本上达不到要求，甚至使软件项目失败。因此，制定详尽、精炼且精确的软件项目计划，是确保软件产品开发成功的关键。

1. 项目概述

软件项目计划作为项目管理的核心活动，构成了软件开发工作的基础框架。其核心目标是为项目负责人提供结构化的决策支持，使其能够科学估算项目所需的资源、经费与开发周期，并通过动态监控确保项目按计划推进。项目计划的主要内容包括范围界定、资源配置与进度安排。

范围界定是对项目进行全面而综合的界定，详细涵盖项目目标、核心功能、性能参数限制、系统接口规范及各项特殊约束条件。该过程通过明确项目边界与技术约束，为后续开发活动提供方向性指导。资源配置涵盖人力资源的调配、硬件设施的部署、软件工具的应用以及其他各类支持性资源的科学分配，以确保项目实施拥有坚实的物质与技术支撑。进度安排作为项目管理的关键环节，直接影响项目按时交付的可能性。借助 Gantt 图、工程网络图等高效的可视化工具，项目时间线得以实现精细化管理与精准把控。

2. 任务集合与分解

在项目管理中，任务集合与分解是至关重要的环节，它涉及将整个项目拆分成一系列更小、更易于管理和执行的任务单元。这一过程通常采用工作分解结构（WBS）方法来实现。WBS 方法是一种系统性的分解技术，它将项目逐步细化为可管理的工作包，直至每个任务都达到无法进一步分解的程度。通过这种方式，项目团队能够清晰地识别和定义项目中的每一个具体任务，从而为项目的顺利进行打下坚实的基础。

WBS 的层次结构图是项目管理中的一个关键工具，它能够清晰地展示项目与任务、任务与工作之间的层级关系。此层次结构不仅助力项目团队洞悉项目全貌，更为项目的进度规划、资源需求剖析、成本预算编制及风险管理构筑了稳固的基石。通过 WBS，项目管理者可以更有效地监控项目的进展，确保项目目标的实现。

任务分解的过程遵循一系列标准化的步骤，以确保分解的准确性和完整性。首先，需要获取项目的范围说明书或工作说明书，以明确项目的边界和目标。接着，组织团队成员进行集体讨论，共同确定分解的原则和标准。然后，可以利用现成的模板来辅助进行工作分解，这样可以提高分解的效率和准确性。

分解之际，绘制 WBS 层次结构图至关重要，其能直观展现项目结构与任务间的内在联系，助力项目团队深入理解。将项目的可交付成果细分为易于管理的工作包，是任务分解的关键环节，这一步骤需要项目团队成员具备细致的分析能力和对项目细节的全面认知。

在完成初步分解后，验证分解的正确性是至关重要的。这一步骤确保了每个任务都符合项目的目标和要求，并且可以被有效地管理和执行。建立一个清晰的编号系统，有助于项目团队成员快速定位和管理各个任务单元。随着计划活动的推进，持续更新 WBS 是必要的，以确保它能够覆盖项目中的所有工作，并且反映出项目进展的最新状态。

通过设定量化标准来检验工作分解结构的完整性，从而确保每个任务的状态、工期、成本及预期成果都能得到精确的量化和评估。这不仅有助于项目团队对任务进行有效的监控和控制，而且为项目成功完成提供了可衡量的指标。遵循这些标准化的流程，项目团队能够确保任务分解的高质量，为项目的顺利推进和成功完成奠定坚实基础。

3. 人力资源配置

项目计划需对人力资源配置进行系统规划，包括团队组织结构、角色分工及协作机制。人员需求的明确需综合考虑工作单元、任务复杂性及未来发展需求，通过汇总与协调各单元的人力资源需求，制定科学的人力资源需求计划。

角色分工是项目成功的关键因素之一。现代软件开发项目通常涉及多种角色，包括高级管理、产品管理、开发管理、设计、测试及实施等。合理的角色分工能够提升团队协作效率，降低项目失败风险。团队组织关系通过组织关系图进行可视化表达，明确各组织单元或个人间的协作关系。组织分解结构图进一步展示各单元负责的具体工作，为团队协作提供清晰指引。

软件项目组的组织方式因项目特点、历史经验及管理偏好而异，典型模式包括民主制程序员组、主程序员组及现代程序员组。现代程序员组通过设立技术负责人和行政负责人两个角色，分别专攻技术活动和管理非技术性事务，实现了技术与行政职能的有效分离，从而提高了项目管理的效率。

4. 阶段交付物

项目计划需明确各阶段向用户交付的产品或内容，以确保项目成果的可验证性与可交付性。常见交付物包括需求规格说明书（涵盖业务用例、术语表、数据字典及非功能性需求）、用户界面原型、软件架构文档、测试概要、软件安装包及维护手册、用户培训计划及技术支持方案。这些交付物通过直观地展示阶段性成果，为用户验收提供了明确的依据，同时也为项目的后续迭代工作提供了宝贵的参考。

第二节　软件需求与需求获取

一、软件需求

（一）软件需求概述

软件需求作为软件工程实践中的核心命题，其本质属性决定了软件系统构建的逻辑起点与质量基准。基于对全球范围内大规模软件项目实证数据的系统性分析，可知需求阶段的缺陷已成为影响软件项目成功率的重要因素。研究表明，需求工程相关问题是导致项目失败的主要原因之一，其中用户参与的缺失和需求的不完整性这两个关键因素的影响尤为显著。这一现象印证了需求阶段在软件生命周期中的战略地位，其规范性实现程度直接决定了后续开发活动的有效性与产品交付质量。

从理论框架构建的角度来看，IEEE 软件工程标准词汇表对需求范畴的界定，构建了一个包含用户期望与系统约束的双重维度体系。该定义既明确了需求作为用户问题解决方案的功能性内涵，又确立了系统实现需遵循的合规性标准，最终通过结构化文档形式实现需求信息的显性化表达。这种双重属性赋予了需求以指导系统外部行为交互的界面特性，并隐含着约束系统内部实现的架构要求，成为软件工程全过程中的一项重要指导性规范。

需求规格说明书的编制质量对软件工程活动具有基础性影响。作为需求分析阶段的标准化产出物，该文档通过精确化系统行为描述与约束条件界定，为项目管理、系统设计、测试验证等后续环节提供可量化的质量基准。具体而言，开发成本估算、进度规划、资源分配等管理决策均需以需求规格说明书为参照基准；系统架构设计、模块划分、接口定义等设计活动均需遵循需求规格说明书的约束条件；测试计划制定、用例设计、缺陷追踪等质量保障措施均需以需求规格说明书作为验证依据。这种贯穿全生命周期的指导作用，凸显了需求规格说明书作为软件工程知识载体的核心价值。

在软件工程与安全融合发展的背景下，高质量需求规格说明书的编制对提升系统可信性具有特殊意义。通过精确化需求定义与结构化文档管理，可有效降低因需求理解偏差导致的安全漏洞风险，为后续安全设计、安全测试等专项活动奠定坚实基础。这种需求管理与安全工程的协同效应，进一步印证了需求阶段在保障软件系统质量与安全方面的双重价值。

（二）软件错误与软件需求

软件错误与软件需求之间的关联性构成了软件工程质量控制的核心命题。实证研究数据揭示的客观规律表明，需求阶段作为软件生命周期的初始环节，其错误防控效能对项目整体质量具有决定性影响。需求错误在生命周期中的演化规律呈现显著的成本放大效应，根据软件开发项目生命周期各阶段修复成本的度量和计算，需求阶段发现的错误修正成本仅为维护阶段的 1/100 到 1/200，这种成本的非线性增长特征凸显了早期需求验证的杠杆价值。需求错误具有隐蔽性特征，其潜伏周期可能跨越多个开发阶段，这种时滞效应进一步放大了需求阶段质量把控的重要性。

需求工程实践中的错误类型分布呈现出特定规律。需求错误主要表现为语义模糊性、逻辑冲突性及表述疏漏性三大维度，其中语义模糊性占比最高，反映了自然语言描述在精确性方面的固有局限。需求错误的结构性特征与开发阶段的认知特性密切相关，需求分析阶段由于概念建模的抽象性特征，更易产生概念不完备与定义歧义性问题。这种错误类型的分布规律为需求验证技术的选择提供了理论依据，推动需求工程领域发展出形式化验证、语义分析等针对性质量保障方法。

需求错误的可检测性特征为质量改进提供了实践路径。需求阶段错误的可检出率高达 65%，远高于编码与测试阶段，这一数据验证了需求评审机制的有效性。例如，业界数据表明，如果在需求阶段修正一个错误的代价是 1 个货币单位的话，那么，在设计阶段就是需求阶段代价的 3～6 倍，在编程阶段是需求阶段代价的 10 倍，在内部测试阶段是需求阶段代价的 20～40 倍，在外部测试阶段（第三方测试）是需求阶段代价的 30～70 倍，而到了软件发布（交付给用户）之后，这个数字就可能是需求阶段代价的 40～1000 倍。需求错误的早期发现机制通过引入结构化验证方法，能够系统化地识别需求文档中的逻辑缺陷与表述瑕疵，避免错误向后续开发阶段传递。这种预防性质量控制策略的实施，可显著降低需求变更引发的开发返工风险，为软件项目的成本可控性与进度可预测性提供基础保障。

需求工程实践中的错误防控需要建立全生命周期的质量管控体系。通过在需求分析阶段实施严格的需求验证，结合需求变更管理机制与需求追踪技术，可构建需求质量闭环控制体系。这种体系化方法既强调需求错误的早期识别，又注重需求变更的规范化处理，确保需求演化过程中的质量可控性。需求质量保障体系的建立，对于提升软件系统的功能完备性、性能可靠性与用户满意度具有决定性意义。

（三）需求的类型

软件需求可以分为功能需求、非功能需求和设计约束 3 种类型。

1. 功能需求

功能需求本质在于明确界定系统应具备的行为能力与服务范畴。该范畴既包含正向的功能实现要求，即系统在特定输入条件下应执行的逻辑操作与输出响应，也涵盖负向的约束条件，即系统必须规避的行为边界。功能需求的精准表述需遵循完整性、一致性与无歧义性三大原则：完整性要求覆盖用户业务场景的所有服务维度；一致性确保需求描述在逻辑链条中不存在自相矛盾的断言；无歧义性则通过消除语义模糊空间，保障开发团队与用户对需求理解的同一性。

在复杂系统开发实践中，功能需求的质量缺陷往往成为项目失败的根源性诱因。需求描述的语义模糊性、逻辑断裂点或边界条件缺失，均可能引发开发方与需求方的认知偏差，进而导致系统实现与业务预期的脱节。这种偏差在分布式系统、跨平台协作等高复杂度场景中尤为显著，例如当系统需整合第三方服务接口时，需求文档对服务调用时序、异常处理机制等细节的模糊表述，极易引发集成失败或数据不一致风险。

功能需求的精准化表达需建立在系统性分析框架之上。开发团队需通过需求溯源技术，将用户业务需求解构为可验证的功能单元；运用形式化方法对需求进行逻辑建模，识别潜在的矛盾关系；采用需求评审矩阵等工具，对需求文档的完备性进行量化评估。在动态演进的需求管理过程中，持续的需求验证机制（如原型验证、场景测试）能够及时发现需求偏差，并通过变更控制流程实现需求基线的迭代优化。这种闭环式需求管理方法，对于保障系统架构与业务目标的持续对齐具有关键作用。

在安全维度，功能需求需特别关注系统边界防护与异常处理能力。安全需求应作为功能性需求的约束条件嵌入系统设计，例如通过访问控制列表明确功能模块的权限边界，采用事务回滚机制保障数据操作的原子性。同时，需求文档需定义系统的安全审计接口，确保关键业务操作的可追溯性。这种将安全属性融入到功能需求的方法论，有助于构建具备主动防御能力的系统架构，使安全机制成为系统功能的有机组成部分而非附加层。

2. 非功能需求

非功能需求作为软件工程领域的关键性约束维度，其本质在于刻画系统在功能实现之外所应具备的总体特性，涵盖可靠性、可用性、性能效率、安全性等核心质量属性。这类需求虽不直接对应具体业务功能，但对系统在其整个生命周期内的价值起着至关重要的作用。例如，在分布式计算环境中，系统的容错能力与恢复机制直接决定服务连续性；在移动应用场景下，流量消耗与响应时延则成为用户留存的核心指标。这种特性使得非功能需求在系统架构设计中具有优先级高于功能需求的战略地位。

非功能需求的本质特征决定了其描述方式的独特性。相较于功能需求的显性表达，非功能需求往往通过约束条件、质量属性等隐性方式体现，这种表述特点使得对其进行量化评估面临天然挑战。但正是这种难以量化的特性，促使开发团队必须建立多维度评估体系：通过可靠性模型预测系统失效概率，运用性能基线分析资源利用率，采用威胁建模方法识别安全风险。这种从定性到定量的转化过程，本质上是对系统质量属性的显性化重构，其成果直接支撑架构决策与资源分配。

非功能需求的实现路径需要突破传统需求工程的认知局限。传统方法倾向于将非功能需求作为独立章节进行概要性描述，这种处理方式易导致需求信息在开发链中的衰减。现代实践表明，非功能需求必须通过场景化、可验证的方式进行表达：将可靠性要求转化为故障注入测试用例，把性能指标映射为负载测试基准，使安全需求具象化为渗透测试场景。这种需求显性化策略不仅提升信息传递效率，更通过技术手段建立可追溯的质量验证链路。

在系统演化过程中，非功能需求的局部性特征需要建立动态适配机制。不同业务场景对质量属性的优先级存在显著差异，例如，实时交易系统对时延的容忍度远低于批处理系统。这种差异性要求开发团队构建场景化需求模型，通过特征工程方法识别关键质量维度，运用配置管理技术实现不同部署环境下的需求裁剪。这种能力使系统能够在保持架构一致性的前提下，灵活适应多样化运行场景的质量诉求。

3. 设计约束

设计约束作为软件工程方法论中的核心要素，其本质在于界定系统实现过程中必须遵循的外部条件与内部限制。这类约束条件虽常被视为技术实现的边界框架，实则对系统架构的合理性、技术选型的适配性以及用户体验的完整性具有根本性影响。若未能系统性地识别与解析设计约束，极易导致技术方案偏离实际运行环境，造成资源浪费与功能失效。

软硬件环境约束是系统设计的基础性约束维度。系统架构的拓扑结构、技术栈的选型策略均需基于目标运行环境的性能参数、资源容量及扩展能力进行适配性设计。例如，分布式系统需根据网络带宽与延迟特性优化数据同步机制，嵌入式系统需针对硬件算力与存储限值进行算法裁剪。环境感知能力对于保障系统在真实部署中的稳定运行至关重要，一旦缺失，将不可避免地引发性能瓶颈或兼容性难题。

使用环境约束体现了系统与人类交互的动态特性。用户行为模式、操作场景特性以及物理环境参数等外部因素，对界面设计的合理性、交互逻辑的流畅性及功能优先级的设定均有着不可忽视的影响。例如，移动设备在强光环境下的可读性要求、工业控制场景下的抗干扰能力、医疗设备中的操作安全性规范等，均需通过使用环境分析转化为具体的设计约束。此类约束的显性化表达，能够有效避免因忽视用户场景而导致的可用性缺陷。

技术选型约束反映了组织战略与外部规范对系统实现的强制要求。在国产化替代战略、行业合规性要求、技术生态兼容性考量等驱动下，系统开发常需遵循特定的技术路线或标准规范。例如，政务系统需适配国产密码算法，金融系统需遵循支付卡行业数据安全标准（PCI DSS），尽管这些约束条件在一定程度上限制了技术选型的灵活性，但借助架构解耦与模块化设计的巧妙运用，依然能够实现技术约束与功能需求之间的和谐统一。这种对非技术因素的显性化处理，能够提升系统在组织战略框架下的合规性与可持续性。

二、需求获取

需求获取作为需求开发的起始环节，其有效性如何提升，始终是一个值得深入探讨的课题。关键在于确保需求获取过程的计划性和科学性。计划性要求我们对获取的目标、问题和时间进行周密规划，而科学性则强调采用正确的方法来获取需求。

（一）需求获取的难点

需求获取作为软件工程的核心环节，其复杂性源于多维度的约束条件与技术挑战。软件系统的跨领域特性决定了需求分析需兼容不同行业的知识图谱与业务逻辑，这种领域间的异质性显著限制了经验的迁移，因此，需求获取过程中需要构建动态的领域适配机制。同时，非功能性需求与功能性需求的耦合关系，在需求建模阶段形成隐式依赖网络，其解析过程需依赖形式化方法与领域知识的双重支撑，这对需求分析人员的认知能力提出了更高要求。

需求工程中存在的沟通障碍，其本质在于知识异构性。系统分析师、领域专家与终端用户之间的认知差异，在需求表述与理解层面形成语义鸿沟，这种沟通摩擦需要通过多视角的需求建模与协同验证机制加以缓解。需求变更作为软件演化的固有属性，其不可预测性在大型系统开发中尤为突出，需求基线的动态维护与变更影响分析，成为需求工程中必须解决的工程问题。

（二）需求获取的方法

需求获取作为软件工程的核心环节，其主动性缺失是制约需求质量的关键因素。在实践场景中，需求获取的被动性通常体现在对业务知识体系的结构性缺失上，这种认知上的偏差使得需求分析活动仅仅局限于功能点的简单罗列，而未能全面构建出完整的业务场景模型。前期业务知识捕获的缺失将引发需求变更的指数级增长，使得系统开发陷入“需求蔓延-变更失控”的恶性循环。

1. 面谈

面谈是需求获取的核心技术手段之一，其本质在于通过结构化的对话方式，将利益相关者的认知空间进行显性化的映射。该技术通过直接交互机制，构建起需求分析人员与用户群体之间的认知桥梁，其优势在于能够动态捕捉用户需求背后的心理动因与业务逻辑，为系统设计提供情境化知识支撑。但需注意的是，面谈效果受制于需求工程师的认知框架与沟通策略，需建立系统化的方法论体系以提升需求捕获的精准度。

面谈对象的选择需遵循知识梯度原则，针对用户群体侧重于行为场景的深度挖掘，利用重复性对话机制来验证需求的一致性；针对领域专家则聚焦于概念模型的协同构建，需构建从领域术语至系统功能的映射规则。这种差异化面谈策略能够有效平衡需求获取的广度与深度，为后续需求建模提供多维度知识输入。

面谈实施过程需遵循认知激活规律，采用渐进式提问技巧，使需求信息结构化呈现。在问题设计层面，金字塔结构通过限定性提问引导用户聚焦核心需求，适用于业务规则显性化的场景；漏斗结构则利用开放性提问激发用户的创造性表达，适用于领域知识隐含性较强的场景。两种结构需根据访谈对象的认知特征动态切换，形成需求捕获的弹性机制。

可视化建模技术作为面谈的认知中介，其价值在于将用户的自然语言描述转化为可验证的需求规格。通过草图化建模手段，需求分析人员能够实时捕捉用户的空间认知特征，如数据流向、操作序列等，这种即时反馈机制显著提升了需求捕获的准确性。需特别关注模型演进与用户认知迭代的同步性，确保需求规格与用户心智模型的动态匹配。

人际沟通素养是面谈质量的关键决定因素，需求工程师须具备双模态对话能力：既能够通过倾听技术捕捉用户的隐性需求，也要运用澄清技术消解语义歧义。在对话管理层面，需建立需求涌现的节奏控制机制，通过话题切换、沉默管理等策略引导用户输出有效信息。这种对话艺术本质上是对用户认知图式的重构过程，其核心目标是实现需求知识的共创性生成。

面谈成果的转化需建立需求验证闭环，通过面谈记录的结构化整理形成需求基线，并采用原型验证、场景模拟等技术手段进行需求溯因。在软件可用性研究领域，该技术可延伸为任务导向的观察实验，通过用户行为数据的量化分析挖掘潜在需求。这种基于实证的需求获取范式，为构建以用户为中心的软件系统提供了方法论支撑。

2. 需求专题会

需求专题会作为系统化需求捕获的重要机制，其本质是通过多利益相关者协同对话实现需求共识的显性化构建。该技术特别适用于需求知识不对称场景，即用户方具备领域认知优势而开发方掌握技术实现能力的双边知识互补情境。通过结构化议程设计与认知冲突管理，需求专题会能够激发需求知识的创造性涌现，为系统设计提供情境化的决策依据。

需求专题会的价值实现依赖于认知协同机制的有效运作。在多主体对话场域中，不同视角的需求表达形成认知张力场，这种张力场能够明确化冲突，进而促进需求边界的界定。例如，在分布式系统开发中，业务部门对响应时间的需求与技术部门对资源消耗的约束形成认知对冲，通过专题会中的技术可行性论证，可实现非功能性需求与功能性需求的协同优化。

需求专题会的实施需建立认知平衡控制体系。针对群体心理效应，需设计匿名投票、观点盲审等机制，以实现决策的去中心化，从而减轻权威压力对需求表达的抑制作用。在知识异质性处理方面，应建立领域知识引导机制，通过概念图谱、术语词典等认知脚手架，帮助参与者跨越认知鸿沟。这种平衡控制体系本质上是对群体认知动态的调控过程，其核心目标是实现需求知识的帕累托改进。

需求专题会的组织需遵循认知涌现规律，采用渐进式议程设计策略。会议启动阶段，应创建一个安全的环境以供需求表达，利用角色扮演、隐喻分析等认知激活技术，以降低参与者的防御心理。在冲突管理环节，需运用利益相关者分析矩阵，识别关键需求冲突的认知根源，并通过原型验证、场景模拟等技术手段实现需求共识的迭代收敛。这种组织艺术本质上是对群体认知秩序的建构过程。

需求专题会的成果转化需建立需求验证的闭环机制。会议记录经过结构化编码后，能够生成需求规格的多维度视图，涵盖业务规则、功能交互和质量属性等多个方面。在需求溯因层面，需建立需求变更的因果链分析模型，通过影响域分析、依赖度评估等技术手段，实现需求演化的可解释性。这种闭环机制为需求工程提供了可验证性保障，确保需求专题会的产出具备工程化价值。

3. 问卷调查

问卷调查作为定量需求捕获的核心技术，其本质是通过标准化测量工具实现用户需求认知的显性化表征。该技术特别适用于需求空间存在认知梯度的场景，即开发方与用户方对需求边界存在共识但需要深化认知细节的情境。通过结构化问卷设计，可系统化提取用户群体的认知共性与个性特征，为需求建模提供多维度的数据支撑。

在设计问卷时，应依据认知测量学的原理，构建一个全面的多维需求度量体系。选择性问题通过范畴化编码来识别需求类型，评分问题则运用李克特量表等标准化工具量化需求强度，排序问题借助层次分析法明确需求优先级，而全开放式问题则利用文本挖掘技术挖掘隐性需求模式。这种混合式问题设计能够兼顾需求捕获的广度与深度，形成需求知识的结构化矩阵。

问卷调查的实施需建立认知效度保障机制。在量表开发阶段，需借助预调查来验证问卷的信度与效度，从而确保测量工具的准确无误。在数据采集环节，应采用多模态反馈策略，结合纸质问卷、在线表单、移动端应用等媒介，提升用户参与的便利性。这种实施框架本质上是对用户认知的标准化映射，其核心目标是实现需求数据的可重复性获取。

4. 现场观察

现场观察作为质性需求捕获的重要范式，其价值在于通过沉浸式体验实现用户认知的具身化重构。该技术特别适用于需求隐含性较强的场景，即用户难以通过语言符号系统显性表达需求的情境。通过参与式观察，需求工程师能够敏锐地捕捉用户行为模式中的非功能性需求特征，例如操作习惯、环境限制等，从而为系统设计提供丰富的情境化知识输入。

现场观察需建立认知解构与重构的双向机制。在观察过程中，需运用认知考古学方法，从用户行为痕迹中提取需求原型，同时通过角色代入技术，重构用户认知图式。这种双向机制本质上是对用户需求认知的解码与编码过程，其核心目标是实现需求知识的具身化转移。在数据记录层面，需采用行为编码表、认知地图等工具，将观察结果转化为可分析的需求规格。

（三）需求调研的问题

在软件需求工程中，需求调研的质量高度依赖于调研问题的设计与实施。无论采用何种调研方法，调研人员均需在调研前对问题进行系统性思考，并结合项目特性制定针对性的问题框架。调研问题的设计应遵循明确性、具体性和可操作性原则，以确保调研结果能够有效指导系统分析与设计。

调研人员须在调研启动前，精心规划问题，并预先向受访对象提供详细的问题列表或表格，便于他们熟悉调研内容并做好充分准备。问题设计应杜绝模糊与歧义，保证用户能清晰把握问题核心，从而提供有价值的反馈。

调研问题的聚焦性对获取深度需求具有决定性作用。虽然发散性问题能激发用户思维火花，但往往使需求探索仅触及表面，难以构建系统化的分析基石。相比之下，聚焦性问题能够引导用户深入思考具体业务场景，从而揭示潜在需求并提高调研效率。例如，在业务流程调研中，聚焦性问题可围绕关键业务环节的处理方式、存在的痛点及改进需求展开，而非泛泛询问用户对系统的总体需求。

调研问题设计中常见的错误需引起重视。问题定义的不准确可能导致用户回答的多义性，例如询问“您使用哪个搜索引擎”时，用户可能基于最近使用、最喜欢或特定领域使用习惯提供不同答案，从而削弱调研结果的可靠性。此外，采用模糊性词汇（例如“经常”“很少”“很贵”）来描述时间、频率或数量时，可能会因具体语境的不同而使用户产生理解上的差异。调研问题还应避免要求用户进行额外认知负担的回答，例如询问“家庭成员每年平均下载的软件数量”，此类问题超出用户记忆范围，易导致数据失真。

设计引导性问题时，若处理不当，可能会不自觉地引入调研者的主观倾向，进而对调研结果的客观性产生负面影响。例如，问题中隐含的价值判断（如“您更倾向于选择诚信的搜索引擎 B 而非 A”）可能诱导用户选择符合提问者倾向的答案，从而失去调研的中立性。此外，涉及用户隐私或商业机密的问题需谨慎设计，以避免伦理风险及用户抵触情绪。

调研问题的具体化程度直接影响需求获取的深度与广度。在实际项目中，调研问题应根据项目规模与业务领域进行定制化设计，问题越具体，越能引导用户提供具有可操作性的反馈。例如，针对业务流程的调研，可从部门名称、人员结构、主要任务、业务流程、审批机制等维度展开系统性提问，以全面覆盖业务需求。

调研表格的设计旨在规范调研内容的格式化呈现，便于后续分析与数据整合。表格内容应涵盖业务流程的关键要素，如实时性要求、交互操作需求、岗位职责、信息输入输出方式、数据备份策略等。通过结构化的问题设计，调研人员能够有效识别业务流程中的瓶颈与改进点，为系统设计提供精准依据。

（四）需求调研的步骤和计划

需求调研作为项目开发流程中的关键环节，其系统性实施需遵循严谨的阶段划分与执行规范。一般而言，该过程可划分为前期筹备、中期执行与后期总结三大阶段，各阶段均需以专业化的方法论为指导。

在筹备阶段，需求分析人员需构建多维度的准备体系。首先应制定结构化的调研计划，明确资源分配方案与时间节点。此计划需经项目管理者与用户代表共同审核确认，以确保它既贴合项目规模的实际需求，又能兼顾用户的业务周期安排。此外，还需构建双向培训机制：一方面，对用户进行软件工程基础知识培训，以助其明确开发各阶段的参与要求；另一方面，对开发团队开展业务领域专项培训，提升其技术语言与业务术语的转化能力。此外，调研报告的框架设计须提前完成，明确内容模块与格式规范，为后续数据采集奠定基础。

技术工具与文档模板的完备性是调研质量的重要保障。需求分析人员需提前准备调研表单、问题清单等模板化工具，并确保录音设备、速记系统等硬件设施处于可用状态。此类准备工作的精细化程度，直接决定着调研过程中信息采集的完整性与规范性。

需求分析人员的专业素养构建应着重于复合能力的培养。组织架构解析能力要求分析者建立用户单位的层级认知图谱，精准定位关键决策节点；行业知识储备则需通过术语体系与标准规范的研习，构建与用户对话的认知同构。在沟通表达层面，需建立技术语言与业务语言的双向转换机制，运用类比、隐喻等修辞手法，使专业术语更加通俗易懂。同时，速记与文本处理能力需形成快速响应机制，确保在调研现场能够迅速捕捉信息并进行结构化存储。最终，需求报告的撰写能力体现为系统化思维的外化表达，需通过需求追踪矩阵、用例模型等工具，实现原始需求到规格说明的严谨转化。

（五）创新性需求

在定制化软件与内部系统开发场景中，传统需求调研模式具有显著适用性，但面向互联网应用生态时，需求挖掘需突破用户显性表达范畴。当技术突破释放新交互可能时，用户尚未形成具体需求认知，这为产品创新提供了窗口期。以即时通信领域为例，早期版本通过基础通信功能建立用户连接，但用户活跃度未达预期，直至社交化功能矩阵的构建，通过通讯录导入、地理定位交互等创新设计，成功激活用户增长引擎。

技术演进与需求创造存在双向驱动关系。在成熟应用生态中，技术突破常催生新交互范式，如 LBS 技术催生的陌生人社交场景，语音识别技术重构的语音交互模式。这种创新并非仅仅满足于对既有需求的填充，而是犹如一股清流，借助技术的力量，开辟出一片全新的价值蓝海。例如共享出行领域，通过移动定位与动态定价算法，重构了城市交通资源配置方式，形成对传统出租车行业的范式颠覆。

创新实践需建立多维需求洞察体系。一方面需对存量市场进行精细化扫描，通过应用商店分类榜单、用户评论情感分析等手段，识别既有产品的功能缺陷与体验痛点；另一方面应关注“非消费用户”群体，通过用户行为路径追踪、痛点访谈等方法，挖掘未被满足的隐性需求。如教育类应用开发中，发现男性用户群体在传统备考工具中的沉默需求，通过游戏化词汇量测评机制，成功激活潜在用户群体。

对于需求的理解，应当跨越产品形态的束缚，直击问题解决方案的核心本质。用户的痛点常常隐匿于具体使用场景的效率梗阻与体验断层之中，而非仅仅局限于对某一特定产品形态的执着。这要求开发者建立场景化思维，在技术可行性、商业价值与用户体验的交集区域寻找创新突破点。例如移动支付领域，通过 NFC 技术重构线下支付场景，既满足用户便捷性需求，又构建了新的商业基础设施。

创新实践应建立动态迭代机制，在改良型创新与颠覆型创新间保持战略平衡。前者通过持续功能优化提升用户体验，后者通过范式重构创造新市场。两者共同构成产品演进的动力系统，推动软件工程在技术迭代与需求创造的螺旋中实现价值跃迁。这种创新生态的构建，既需要技术洞察力，更需要建立以用户价值为核心的产品哲学。

第三节　需求分析与需求建模

一、需求分析

在软件工程全生命周期中，可行性研究阶段形成的成果文档构成了需求分析阶段的核心输入基准。该阶段确立的系统基础功能框架，需在需求分析阶段通过系统化方法论实现从抽象功能到具体需求的渐进式细化。此过程以构建目标系统（target system）的需求定义为核心目标，旨在通过系统化分析方法，实现开发团队与用户群体对系统功能边界的认知对齐。

需求分析作为软件工程的关键实践环节，其本质是通过结构化技术手段，将用户对系统的模糊期望转化为可验证、可追溯的需求规范。该环节的成功实施直接决定软件产品的价值实现程度，其输出成果的质量直接映射后续开发活动的效能基准。为达成此目标，需求分析需遵循“认知对齐-模型构建-规范表达-质量验证”的闭环路径，通过多维度技术手段实现需求理解的显性化表达。

需求分析的认知过程包含对用户业务场景的深度解构，其核心在于建立对用户问题域的完整认知图谱。此阶段不追求即时性的解决方案设计，而是采用迭代式对话机制，不断细化并明确用户需求的语义范围。分析活动需建立在对用户显性需求与隐性需求的双重解码基础上，通过需求分层技术实现从业务目标到功能特性的逐级映射，最终形成具备完整性、准确性、可验证性及可追溯性的需求基线。

需求表达阶段强调通过形式化建模技术实现需求语义的显性化封装。该过程可借助实体关系图（ERD）、数据流图（DFD）、状态转换图（STD）等语义建模工具，构建系统行为的逻辑框架。需求规格说明书（SRS）作为该阶段的标准化输出载体，需系统化涵盖系统目标、数据架构、功能矩阵、行为契约等核心要素，其内容组织需遵循模块化、结构化原则，确保技术文档的可理解性与可维护性。

需求验证作为质量管控的关键环节，需建立多层次的质量保障机制。该过程既包含对需求规格说明的同行评审，也涵盖对需求追溯矩阵的完整性检查。通过构建需求-设计-代码的三向追溯关系，可实现需求变更影响域的精准定位。需求质量度量应构建一套可量化的评估体系，涵盖需求完备性、一致性、可测试性等核心要素，为后续开发流程奠定坚实的质量基石。

需求分析方法论体系涵盖了需求获取、分类、建模及验证等一系列标准化的技术步骤。该过程需建立需求分析矩阵，通过需求优先级排序、需求依赖关系分析等技术手段，实现需求集的优化管理。需求变更管理作为动态管控机制，需建立变更影响分析模型，确保需求演进过程的可控性与可追溯性。整个分析过程需贯穿技术评审与用户确认的双轨验证机制，保障需求分析成果的双重可信度。

（一）需求分析的方法

需求分析阶段旨在与用户协同确定目标系统的具体需求，其核心任务是通过系统化的调查研究明确用户的真实需求，并将其转化为可操作的技术规范。

1. 进行调查研究

需求分析的基础在于充分的调查研究，其目的在于收集用户信息、澄清模糊需求、剔除不可行需求并修正错误需求，从而达成用户与开发者对目标系统运行环境与功能的一致性共识。用户作为需求信息的唯一源泉，其在需求分析过程中的深度参与对于保障分析结果的精确性至关重要。调查研究可采用以下方法。

① 访谈。访谈是需求分析中一种非常重要的沟通方式，它主要分为两种形式，即正式访谈和非正式访谈。一方面，正式访谈中，需预先设计详尽问题，借助结构化方式引导用户细致阐述需求，以确保所收集信息条理清晰、井然有序。另一方面，非正式访谈更显灵活，通过开放式交流，鼓励用户自由表达观点与想法，从而获取更全面、深入的需求信息，此方式因无严格限制，使用户能充分表达需求与期望。

② 分发调查表。调查表以书面形式列出需求相关问题，为用户提供充足时间思考与组织回答，进而获取更为精确、深思熟虑的反馈。然而，调查表的回收率可能会受到用户参与度的影响，因为不是所有的用户都会愿意花时间去填写调查表。尽管如此，调查表在进行大规模需求调研时非常有用，因为它可以同时向大量用户分发，从而收集到广泛的意见和需求。

③ 会议。会议是一种通过集体讨论来推进需求调研的有效方式，它通常遵循“准备-讨论-确认”的流程。在会议开始之前，与会者需要进行充分的准备，确保他们对讨论的主题有充分的了解和准备。会议期间，用户和开发者共同协作，识别问题，提出解决方案的关键要素，并通过协商达成共识，确定软件的基本需求。这种面对面的交流方式有助于快速识别和解决潜在的问题，同时也有助于建立用户和开发者之间的良好沟通和理解。

2. 确定系统需求

需求分析的最终目标是明确系统的运行环境、性能、功能及接口需求，为后续设计与开发提供依据。

① 系统的运行环境需求。为了确保系统的顺畅运行，运行环境需求必须得到充分的考虑。这些需求主要可以分为硬件和软件两个方面。在硬件方面，需要明确指出系统对外部存储设备的类型需求，数据输入的方式，以及系统需要支持的通信接口类型。这些硬件需求对于系统的整体性能和稳定性至关重要。而在软件方面，需求包括操作系统、网络软件、数据库管理系统以及中间件等技术组件的兼容性和

适配性。这些软件组件需无缝集成，以保障系统高效运行。

② 系统的性能需求。性能需求是衡量系统是否能够满足用户需求的关键指标。这些性能指标包括存储容量、安全性、可靠性和响应时间等。具体而言，响应时间是指系统对请求作出响应所需的时间，吞吐量表示系统在一定时间内处理请求的数量，而并发用户数则指系统同时处理多个用户请求的能力。资源利用率反映系统硬件和软件资源的利用情况，如 CPU 使用率、内存占用率、磁盘 I/O 等。错误率指系统在运行过程中出现错误的频率，低错误率意味着系统更稳定，用户体验更好。其中，响应时间是用户交互体验的核心参数，特别是在实时系统中，它直接决定了用户对系统的满意度和接受程度。因此，优化响应时间对于提升用户体验至关重要。

③ 系统功能需求。功能需求的明确是系统设计和开发过程中的重要环节。需要详尽地列出目标系统所需实现的所有功能模块，并明确界定各功能的限制条件及设计约束。这样做可以确保系统在技术实现和业务需求上都是可行的，同时避免在开发过程中出现方向性的错误。

④ 接口需求。接口需求定义了系统与外部环境进行通信的规范。这包括用户接口、硬件接口、软件接口以及通信接口等。例如，在嵌入式系统中，必须确保系统能够与各种仪器、传感器设备进行有效的接口适配，以保证整个系统的协同工作能力。这些接口的定义和实现情况，对系统的整体性能及用户体验具有直接且重要的影响。

（二）需求分析的步骤

需求分析作为软件工程的关键环节，其流程需遵循系统化、结构化的原则，以确保目标系统的功能与用户需求高度契合。传统方法学通常采用结构化分析方法，通过建立模型、撰写规格说明及复审等步骤，逐步推进需求分析的深入。

1. 建立系统模型

模型构建是需求分析的核心任务之一，旨在通过抽象化手段对系统进行无歧义的书面描述。模型一般由图形符号和规则构成，具体可分为数据模型、功能模型以及行为模型三大类。数据模型通过实体关系图（ERD）描述实体间的关系，功能模型借助数据流图（DFD）刻画数据在系统中的转换过程，行为模型则利用状态转换图（STD）展现系统的状态及其转换机制。建模的目标包括：描述用户需求、为设计奠定基础、定义验收标准。在此过程中，需通过抽象化方法将用户信息转化为逻辑模型，并结合数据字典记录实体信息，确保模型的完整性和准确性。

2. 撰写需求规格说明

需求规格说明书是需求分析阶段的最终成果，其框架涵盖引言、信息描述、功能描述、行为描述、确认标准等内容。该文档不仅需详细记录系统功能、性能及设计约束，还应附带可执行原型与初步用户手册，以确保用户与开发者对需求理解的一致性。规格说明的编写需遵循标准化模板，确保文档的规范性与可追溯性。

3. 修正开发计划

随着需求分析的深入，我们能够更精确地估算系统的开发成本与进度。这有助于我们优化前期制定的开发计划，通过细化功能模块与资源分配，使开发计划更贴合实际需求。这样的调整可以显著提升项目管理的效率与准确性，确保项目按照既定目标顺利推进。同时，我们也会考虑到潜在的风险因素，对计划进行灵活调整，以应对可能出现的任何挑战。此外，团队成员之间的沟通与协作也将得到加强，确保每个成员都对修正后的计划有清晰的认识和理解，从而在执行过程中更加协调一致，提高整体的工作效率。

4. 制订初步测试计划

为了确保系统功能的正确性，测试计划的早期制定显得尤为重要。该计划需要明确测试策略、测试范围、测试方法以及资源分配，同时还需要获得用户方决策者的批准。此举可确保系统交付之际，验收测试得以顺畅执行，进而保障系统的稳固性和可信赖度。在制订测试计划时，我们应当考虑包括功能测试、性能测试、安全测试在内的多种测试类型，以全面评估系统的质量。此外，测试计划中还应包含对测试环境的搭建和维护的详细说明，以及对测试数据的准备和管理策略。测试团队的组建和培训也是计划中不可或缺的一部分，以确保团队成员具备执行测试计划所需的技能和知识。一个详尽的测试计划有助于提高测试效率，减少缺陷遗漏，从而提升整个项目的成功率。

5. 编写初步用户手册

在编纂用户手册之际，我们应依据已明确界定的系统环境与功能，确保手册内容既全面又详尽无遗。这包括但不限于：引言部分，简要介绍系统的目的和背景；用途部分，详细阐述系统能够实现的具体功能和应用范围；运行环境部分，明确指出系统运行所需的硬件和软件条件；以及使用过程部分，提供系统安装、配置和日常使用的具体步骤。此外，手册中应通过图表与文字相结合的方式，详细说明系统的输入输出关系，以及用户在使用系统时需要遵循的操作流程。这样的编排旨在为用户提供清晰、直观的操作指南，帮助用户快速掌握系统的使用方法。随着开发阶段的逐步推进，用户手册也会相应地进行完善和更新，以确保用户能够及时获得最新的使用信息，从而更好地适应系统功能的变化和升级，确保用户体验的连贯性和高效性。

6. 编写数据要求说明书

数据要求说明书是系统开发过程中不可或缺的文档，其核心功能在于全面描述系统的数据逻辑，为后续设计与开发提供清晰的数据层级指导。该文档通过系统化的表述，明确了静态数据与动态数据的分类、采集要求及处理频度等关键信息，同时定义了数据约定与限制条件，确保数据处理的准确性与高效性。通过这份说明书，开发团队能够深入理解数据需求，优化系统架构设计，并为数据管理提供可靠的理论依据。

① 定义系统的数据逻辑框架。数据逻辑是系统设计的基础，其涵盖了数据的分类、结构、关联及处理规则。静态数据作为系统的长期存储信息，通常包括配置参数、基础字典、用户信息等，其特点是数据变化频率较低，但对系统初始化和运行稳定性具有重要影响。动态数据则反映了系统运行过程中的实时状态，如交易记

录、操作日志、传感器数据等，其特点是数据量大、变化频繁，对系统的实时性和性能要求较高。通过明确静态与动态数据的分类，开发团队可以针对性地设计数据存储结构和处理机制，确保系统的高效运行。

② 数据采集要求。采集要求涉及数据来源、采集频率、采集方式及数据格式等关键要素。数据来源的定义需结合系统功能需求，明确数据的生成端或输入端，例如由外部接口、用户输入或传感器采集等。采集频率则需根据业务场景确定，例如实时监控系统需要高频采集，而统计分析系统则可采用批量采集。采集方式需考虑数据传输的可靠性与效率，例如通过 API 接口、文件传输或数据库同步等方式实现数据的稳定获取。数据格式的规范化是确保数据兼容性的关键，需明确字段定义、编码规则及数据类型，例如采用 JSON、XML 或 CSV 等通用格式。

③ 数据处理频度。处理频度的定义需结合业务需求与系统能力，明确数据处理的实时性要求。实时处理特别适用于对时间极为敏感的场景，比如金融交易系统中的订单处理，要求毫秒级的快速响应；批量处理则适用于数据量大但对实时性要求较低的场景，例如日终统计或数据备份。通过合理划分实时与批量处理的边界，可以优化系统资源分配，提升整体性能。此外，数据处理频度还需考虑峰值负载的应对策略，例如通过负载均衡、缓存机制或分布式架构提升系统的扩展性。

④ 数据约定与限制条件。数据约定包括字段约束、数据类型定义及业务规则的表达，例如字段的唯一性、非空性及范围约束等。限制条件则涉及数据的存储容量、传输带宽及处理能力的上限，例如数据库表的字段长度限制、文件大小限制或接口调用频率限制等。明确这些约定与限制，能够使开发团队在设计阶段就有效规避潜在的技术隐患，从而确保系统既稳定又可维护。

⑤ 兼顾数据质量与数据安全。数据质量的保障需通过数据清洗、校验及一致性检查等手段实现，例如通过正则表达式验证数据格式，通过去重算法消除冗余数据。数据安全则需结合加密、访问控制及审计机制，确保敏感数据的保密性与完整性。例如，对用户隐私数据实施加密存储措施，严格管理数据访问权限，并通过日志记录功能确保数据操作的可追溯性。

⑥ 为系统的扩展性与兼容性提供指导。随着业务的发展，系统可能需要接入新的数据源或支持新的数据格式，因此文档需定义数据接口的标准化规范，例如采用 RESTful API 或消息队列实现数据交互。同时，还需关注数据模型的可扩展性设计，例如，采用模块化设计以适应字段的动态增加，以及利用多态机制来实现数据类型的灵活调整。

7. 复审

复审的核心审查内容丰富且关键，涵盖了实体关系图、数据流图、数据字典以及状态转换图等多个方面。实体关系图用于描绘系统中各个实体之间的关联，清晰展现数据的组织结构；数据流图则直观呈现数据的流动路径和处理过程，帮助理解系统的功能逻辑；数据字典作为对数据元素的详细定义和说明，确保了数据的一致性和准确性；状态转换图则描述了系统在不同状态之间的转换条件和行为，对于理解系统的动态特性至关重要。

在复审阶段，用户需全面检查输入输出数据的转换流程。这要求用户凭借自身对业务流程的深刻理解，仔细审视每一个数据转换环节是否合理、是否满足实际业务需求。例如，在一个销售管理系统中，用户需要确认从订单录入到库存更新、财务结算等一系列数据转换过程是否准确无误，是否能够真实反映实际的销售业务操作。

为了确保需求分析结果的高质量，复审采用了迭代修正机制。这一机制强调在审查过程中发现问题后，及时与系统分析员沟通，共同探讨解决方案，并对需求分析结果进行相应的修改和完善。每一次的审查与修正，都是对需求的一次细致打磨，力求逐步清除其中的模糊地带、不一致之处及潜在错误。例如，在复审过程中，我们发现某个数据流图中的数据流定义含糊不清，这直接导致了系统分析员与用户之间的理解差异。此时，双方会一同坐下来，深入探讨该数据流的来源、去向、数据内容以及处理方式，然后对数据流图进行修正，确保其准确表达数据的流动情况。通过这样反复的审查和修正，需求分析结果逐渐趋近于完美。

复审的目标是确保需求规格说明书达到高质量标准。一份高质量的需求规格说明书应确保文档的一致性，即各个部分相互协调，无矛盾冲突；完整性，全面覆盖用户需求，不遗漏关键信息；正确性，确保准确反映用户的实际需求和业务逻辑。唯有当需求规格说明书满足这些高质量标准，方能确保后续设计、编码及测试等开发阶段拥有清晰、精确且可靠的依据，从而保障软件项目的顺畅推进。

需求分析阶段所产出的文档，诸如修订后的开发计划、需求规格说明书、数据模型及其相关图表、测试计划、用户手册以及数据要求说明书等，均为后续开发活动奠定了坚实的技术基础，并提供了详尽的操作指引。

二、需求建模

（一）分析建模

需求分析建模的核心任务是通过抽象化手段导出待开发软件系统的逻辑模型，以明确系统“做什么”。在需求的可行性和明确性得到确认后，为深入理解复杂系统的需求，软件开发人员需从多角度抽象目标系统的特性，并采用精确方法构建系统模型，直至模型能够指导程序实现。对于复杂且难以理解的系统，分析建模尤为重要，其目的在于通过形式化描述提升需求的一致性、完整性和正确性。

模型是对事物的抽象化表达，旨在通过无歧义的书面形式增强对事物的理解。模型通常由文本、图形符号或数字符号及其组织规则构成。需求分析建模通过结合文本需求与图形或数字符号需求，构建对目标系统的完整描述，以检测需求的一致性、完整性和潜在错误。图形化需求表示能够减轻项目相关人员在语言和词汇理解上的负担，尤其在跨领域协作中具有显著优势。分析建模的目的并非是取代自然语言描述的需求规格说明，而是加强对其的理解。

需求分析方法的种类繁多，其选择取决于建模目的、时间约束及应用领域。早期具有代表性的分析方法包括 PSA/PSL（由密歇根大学开发的需求定义语言和分析工具）、SREM（面向实时系统的需求描述语言和分析工具）以及 SADT（通过方框和有向弧表示动作及数据流的分析方法）。在此基础上，结构化分析方法（SA）于 20 世纪 70 年代中期发展起来，因其简单易用而被广泛采用。到了 20 世纪 90 年代，随着面向对象方法的日益成熟，面向对象的需求分析逐渐成为了需求工程中的一个重要手段。近年来，基于统一建模语言（UML）的多种图形表示方法，以及与特殊方法结合的需求分析方法（如面向问题域、面向特征、基于本体及面向多视点的方法）不断涌现，各具特色且处于不同发展阶段。

结构化分析方法作为传统分析建模的代表性方法，是一种面向数据流的需求分析技术。其核心是数据字典，涵盖系统中使用和生成的所有数据对象。围绕数据字典，结构化分析方法采用三种主要图表进行建模：数据流图（DFD）用于描述数据在系统中的传输与转换过程，以及对数据流进行处理的功能模块，主要用于功能建模；实体关系图（ERD）用于描述数据对象及其相互关系，主要用于数据建模；状态转换图（STD）用于描述系统对外部事件的响应机制及状态转换，主要用于行为建模。通过数据字典与三种图表的协同作用，结构化分析方法能够全面刻画系统的逻辑特性，为后续设计与实现提供坚实基础。

（二）功能模型

功能建模的核心思想是通过抽象模型的概念，依据软件内部数据传递与变换的关系，采用自顶向下的方法逐层分解，直至识别出满足功能要求的所有可实现模块。功能模型主要通过数据流图（DFD）进行描述，该技术是软件工程领域广泛应用的建模方法之一。数据流图从数据传递和处理的角度，以图形化方式刻画数据从输入到输出的流动与转换过程，其基础在于功能分解。功能分解是一种系统化定义功能过程的方法，始于环境图，终于模块规格说明。

1. 数据流图的基本图形符号

数据流图的基本符号包括加工、外部实体、数据存储和数据流。加工是指对输入数据进行处理变换，以生成输出数据的过程，该过程通常以动词短语来命名；外部实体标识数据的输入源或输出汇点，是系统外围环境中的实体部分；数据存储用于保存数据，可以是数据库文件或其他形式的数据组织；数据流用于描述数据的传递路径、方向及其内容，箭头旁边应明确标注数据流的名称。数据流图通过这些符号及其相互关系，清晰表达系统内部的数据处理逻辑。

2. 环境图

环境图亦称顶层数据流图（0 层 DFD），其作用是确定系统在外部环境中的位置，通过明确系统的输入输出与外部实体的关系来界定系统边界。环境图仅包含一个数据处理过程，即目标系统本身，通过图形化方式展示系统与外部实体的交互关系。

3. 数据流图的分层

对于复杂系统，数据流图可能包含大量加工节点，导致图示难以直观理解。通过按照系统的层次结构进行逐步细化分解，分层数据流图能够有效解决图示复杂难以理解的问题。分层方法从顶层数据流图开始，逐步细化功能分解，形成多层数据流图。每一层数据流图均需与其上层图保持平衡关系，即子图的输入输出数据流需与父图中对应加工的输入输出一致。这种分层结构不仅提升了数据流图的可读性，还为系统设计与实现提供了清晰的层次化指导。

数据流图的绘制遵循自外向内、自顶向下、逐层细化的原则。通过细致的分层分解，系统功能得以逐步且清晰地明确，为后续的设计与开发活动奠定了坚实的逻辑基石。

（三）数据词典

数据词典作为系统分析模型的核心组成部分，通过词条化方式对数据模型、功能模型和行为模型中的数据对象及控制信息进行精确定义。其核心功能在于为系统相关的数据元素提供标准化的语义框架，确保用户与分析人员对输入、输出、存储组件及中间计算过程具有统一的理解。数据词典通过严格的形式化描述，将数据流、加工、数据文件、数据元素以及数据源点和汇点等要素组织为有序结构，从而为系统设计提供逻辑支撑。

词条描述是数据词典的核心内容，其涵盖数据流图中所有命名的图形元素，包括数据流、数据元素、数据存储文件、加工和数据源点以及汇点。数据流词条需明确数据传播路径的结构化定义，包括名称、简述、组成、来源、去向、流通量及峰值等属性。数据元素词条则需定义数据处理中不可再分的最小单位，涵盖类型、取值范围及关联结构等信息。数据存储文件词条需描述数据存储的位置、组成、输入输出关系及存取特性。加工词条通过判定表、判定树或结构化语言等形式，明确加工逻辑、输入输出及层次关系。数据源点和汇点的词条定义需明确外部实体的交互特性，涵盖名称、简要说明以及数据流之间的关联关系。

数据结构描述是数据词典的重要组成部分，其通过形式化方法对数据流和数据文件的结构进行无二义性表达。定义式方法借鉴了巴克斯-诺尔范式的符号体系，采用自顶向下的递归方式，逐级细化数据结构，直至分解为基本数据元素。例如，银行储蓄系统中的“存折”可通过定义式表达为包含户名、所号、账号等结构化字段的复合数据对象，其中重复项和可选项通过符号明确标识。Warnier 图作为另一种数据结构描述工具，采用树形结构描绘数据层级关系，能够表达重复次数及条件约束，为软件设计提供直观的结构化描述。其通过层次化符号体系，将数据元素的顺序、重复及选择关系形式化，为系统处理逻辑的转换提供基础。

数据词典的构建需兼顾形式化表达与语义清晰性，其词条描述和结构定义共同构成了系统分析的逻辑基石。通过精确的定义和规范化的组织，数据词典为系统设计与实现提供了可靠的参考框架，确保数据处理过程的逻辑一致性与操作规范性。其形式化表达不仅提升了系统设计的可维护性，也为后续的数据库设计与实现提供了理论依据。数据词典的规范化应用是系统分析与设计过程中的关键环节，其在逻辑抽象与物理实现之间架起了桥梁，为复杂系统的开发提供了坚实的理论支撑。

（四）数据模型

在结构化分析方法中，实体关系建模技术被广泛应用于数据模型的构建，其核心在于通过概念层的抽象对数据库结构进行形式化描述。实体关系模型通过可视化图示（即实体关系图，简称 ERD）表达系统的数据结构，其基本构成要素包括数据对象、属性和关系，这些要素共同构成了数据模型的逻辑框架。

数据对象作为复合信息的抽象表示，是目标系统中所需信息的封装单元。它在 ERD 中以矩形符号表示，其本质为具有多维属性的信息集合。与面向对象方法不同，结构化方法中的数据对象仅包含数据封装，而不涉及操作行为。数据对象的实例可涵盖外部实体、事物、角色、行为、事件、组织单位、地点或结构等抽象概念，其定义需依据系统需求的具体语境。

属性作为数据对象的特征描述，通过椭圆或圆角矩形表示，并以无向边与对应的数据对象相连。属性的定义需遵循系统语义约束，例如“学生”对象的学号、姓名、性别等属性需满足唯一性、完整性和类型约束。属性的规范化表达有助于提升数据模型的逻辑一致性与语义清晰性。

关系是数据对象实例间关联的抽象表达，在 ERD 中以无向边表示。关系的多重性借助符号体系清晰地界定了实例间的关联数量，具体分为一对一（1∶1）、一对多（1∶m）以及多对多（m∶n）三种基本类型。例如，账户与储户之间的关联可表现为一对多关系，而学生与课程之间的选课关系则体现为多对多关系。此外，关系的可选性进一步明确关联的强制程度。强制关联（标注“1”）要求必须存在对应关系，如员工必须属于某个部门；而可选关联（标注“0”）则允许关系为空，如学生可能尚未选修任何课程。关系本身也可以拥有属性，特别是在多对多关系中，这些关系属性需要通过菱形框进行明确标识，并通过无向边与对应的关系相连接。

在 ERD 的形式化表达中，关系属性的引入为复杂数据关联提供了扩展性支持。例如，学生与课程之间的“选课”关系可附加学期、成绩等属性，此类属性通过椭圆符号与关系相连，形成层次化的数据关联结构。这种形式化表达不仅增强了模型的语义表达能力，也为后续数据库设计提供了规范化的逻辑基础。

数据模型的规范化处理是消除冗余、优化结构的关键过程。通过范式理论的应用，可有效避免数据插入、删除异常及更新异常，确保数据存储的逻辑独立性与操作一致性。规范化过程需遵循函数依赖原则，逐步消除非主属性对候选键的传递函数依赖，最终实现数据结构的最小化表示。这一过程不仅提升了数据存储效率，也为系统的可扩展性与维护性提供了理论保障。数据模型的构建与优化需兼顾系统功能需求与性能约束，在逻辑抽象与物理实现之间寻求平衡，以实现数据资源的高效利用与系统架构的稳健性。

（五）行为模型

在需求分析阶段，构建软件的行为模型是系统设计的关键环节。状态转换图（以下简称状态图）通过描述系统的状态及其转换事件，为系统行为提供形式化的表达。状态图的构成要素包括状态、状态转换和事件表达式，这些要素共同构成了系统行为的抽象框架。

状态是系统行为模式的可观测表现，其定义了系统对事件的响应机制。状态可分为初态、终态和中间态，分别以实心圆、牛眼图形和圆角矩形表示。初态唯一确定系统的起始行为，而终态则可有多个或无终态，以反映系统的终结状态。中间态的结构由状态名称、状态变量及其值以及活动表组成，其中后两者为可选部分。活动表的语法形式为事件名（参数表）/动作表达式，其中事件名标识触发条件，参数表提供输入信息，动作表达式描述系统响应行为。

状态转换是状态图中状态间带箭头的连线，其触发机制由事件驱动。事件表达式通过事件说明、守卫条件和动作表达式共同定义。事件说明以事件名（参数表）的形式标识触发条件，守卫条件为布尔表达式，当其与事件说明同时存在时，状态转换需满足事件发生且守卫条件成立。动作表达式为过程表达式，其执行与状态转换同步进行。

事件作为系统行为的抽象化描述，是状态转换的驱动因素。事件表达式的语法结构为事件说明（守卫条件）/动作表达式，其逻辑关系体现了系统对外部刺激的响应机制。在银行储蓄系统的功能建模中，存款过程的状态图通过状态转换逻辑整合了新开户场景，而取款过程的状态图则通过事件驱动机制实现了状态的动态迁移。状态图的构建为系统行为的逻辑验证和功能实现提供了理论依据，其形式化表达有助于提升系统设计的严谨性和可维护性。

（六）辅助图形

在需求分析阶段，图形工具因其直观性和易理解性而优于文字叙述，成为描述复杂系统的重要手段。除数据流图、实体关系图和状态转换图外，IPO 图和层次方框图等辅助图形工具亦在需求分析中发挥关键作用，为系统建模提供多维度支持。

需求分析阶段的图形工具选择需综合考虑系统的复杂性、分析目标及项目团队的熟悉程度。IPO 图和层次方框图通过各自独特的表达方式，为需求分析提供了形式化、结构化的支持，有助于提升需求规格说明的质量与可维护性。

1. IPO 图

IPO 图（输入-处理-输出图）是一种由 IBM 公司发展完善的图形工具，用于清晰描绘输入数据、数据处理过程及输出结果之间的关系。其基本结构包括左侧的输入数据框、中间的处理过程框和右侧的输出数据框，处理框中的顺序暗示了执行流程。虽然基本符号已经足够简洁易用，但 IPO 图通过添加粗箭头来标示数据通信情况，进一步提升了描述的精确度和清晰度。改进型 IPO 图（IPO 表）进一步补充了系统名称、作者信息、模块编号及调用关系等附加信息，在软件设计阶段可作为重要文档使用。在需求分析阶段，IPO 图可用于简要描述数据流图中各处理模块的基本算法，其灵活性和扩展性使其成为需求分析与设计阶段的有力工具。

2. 层次方框图

层次方框图运用树形结构的多层次矩形框，形象地描绘了数据的层次化组织结构。顶层框代表完整的数据结构，下层框依次表示数据的子集，直至最底层的不可分割数据元素。这种自顶向下的细化方式使数据结构的描述逐步精细化，特别适合需求分析阶段对数据结构的逐步分解与细化。系统分析员可以从顶层信息分类入手，沿着每一条路径逐步深入探索，直至全面确定数据结构的所有细节。层次方框图的结构化特性不仅提升了数据组织的清晰度，还为后续设计与实现提供了明确的数据架构指导。

第四节　需求评审与需求管理

一、需求评审

作为软件工程流程中的“过滤机制”，软件评审在各个阶段的实施有助于识别和排除错误与缺陷。

技术工作之所以需要评审，原因十分明确。因为人无完人，犯错在所难免。虽然个人能发现一些自己的错误，但往往旁观者清。

在软件需求分析的最终阶段，必须对软件需求规格说明书进行检查，以发现并修正其中的错误、疏漏和不一致之处，确保所有系统需求的描述准确、明确、全面且无歧义，并满足既定的标准和规范。

一旦软件需求规格说明书通过了需求确认，它们就作为基线配置项（或里程碑）被“锁定”，成为客户与开发团队之间的一种“协议”（视作合同的一部分）。

（一）正式的需求评审

正式技术评审作为需求验证的核心机制，其规范性直接决定软件需求规格的质量保障水平。该过程需组建跨职能评审团队，成员涵盖技术开发者、最终使用者及项目利益相关方，采用结构化会议的方式，对需求规格说明书进行全面细致的审查。评审团队依据既定标准识别文档中的逻辑矛盾、歧义解释、信息缺失以及需求冲突，确保需求表达与系统目标的一致性。

功能需求的规范性审查主要关注需求描述的完整性和必要性，确保所有功能均通过明确的语言全面覆盖正常及异常处理场景，并剔除冗余功能，从而优化系统架构。性能需求的量化审查要求对响应时间、吞吐量等关键指标设定精确阈值，并考察系统在不同负载条件下的稳定性表现。接口需求的审查需确保外部系统与内部模块间的数据交互协议具有一致性，避免因接口定义模糊导致的集成风险。

数据需求的审查特别强调输入/输出规范的严格性，涵盖数据类型、值域边界、精度要求，并确保异常处理机制清晰明确。硬件与软件环境需求的审查需确认资源约束条件下的可行性，包括内存占用、存储需求及操作系统兼容性等关键参数。通信需求的审查则需验证网络协议、带宽要求及连接数量等指标是否满足分布式系统的设计要求。

正确性审查要求需求规格符合行业标准，算法逻辑经过形式化验证，且对故障模式的响应策略具备可操作性。完整性审查需确保需求文档涵盖功能、性能、约束条件等全维度信息，并对潜在变更需求进行前瞻性定义。可行性审查需运用技术经济分析手段，确认需求在特定约束条件下的实现概率，并将影响因素详细记录并文档化。

一致性审查的核心任务是排除需求间的逻辑矛盾，确保术语统一标准化，以及模型间的相互兼容。兼容性审查需验证需求规范与既有软硬件环境的适配性，并遵循文档编写规范。清晰性审查强调需求表述必须消除任何歧义，通过采用形式化语言，确保需求的解释具有唯一性。安全性审查需全面覆盖硬件防护、软件访问控制及操作流程中的风险点。

健壮性审查关注系统在异常环境下的容错能力，要求对各类干扰条件下的行为边界进行明确界定。可理解性审查通过术语一致性检查和形式化表达提升文档的可读性，确保需求可直接作为设计与测试的基础。可修改性审查强调结构化文档设计，避免冗余信息导致的维护困难。可测试性审查要求每项需求均具备可验证性，并明确验证方法与验收标准。

可维护性审查关注需求变更的低耦合性，确保修改操作的局部化。可追踪性审查要求建立需求与前序文档的对应关系，支持全生命周期的信息追溯。可靠性审查需定义失效模式下的保护策略及错误恢复机制。其他审查维度包括需求纯粹性验证及实时性约束的明确性。

为确保评审过程的规范性，需指定责任专家遵循标准化流程实施审查，并形成包含结论性意见的评审记录。初次评审往往催生迭代建议，经过修订的需求规格需通过二次评审才能进入设计阶段，这一过程构成了需求工程中的关键质量控制点，确保了软件系统的可构建性和可维护性。

（二）需求评审中的风险

需求评审作为软件开发流程中的关键环节，其实施过程可能面临多种潜在风险，这些风险若未能有效识别与管理，可能对项目质量与进度产生负面影响。

1. 评审参与者构成失衡

需求评审的有效性高度依赖于参与人员的合理构成。如果缺少客户代表的参与，评审过程可能难以全面覆盖客户需求，从而导致最终产品与用户期望产生偏差。另外，如果相关开发人员或项目管理人员未能充分参与评审，可能会导致需求变更信息无法顺畅传递，进而引发后续开发阶段的重复工作。因此，合理的参与者构成应涵盖客户、开发团队及项目管理人员，确保需求信息在各利益相关方之间实现高效传递与共识。

2. 评审规模失控

大规模需求文档的评审过程可能因信息量过大而难以高效完成。为降低评审复杂度，建议采用渐进式评审方法，将需求开发过程划分为多个阶段性评审节点，通过非正式的评审方式（如走查）对需求文档的不同阶段进行检查。仅在需求文档作为基线时进行正式评审，并可将评审人员分组，分别审查文档的不同部分。研究表明，单次评审的文档规模最好控制在10～30页范围内，以保障评审效率与质量。

3. 评审组规模过大

合理的评审组规模对于确保会议效率和决策质量至关重要。根据会议管理研究，评审组成员过多可能导致协调难度增加、讨论偏离主题以及意见难以达成一致。为避免这些问题，建议评审组规模控制在3～7人之间，确保涵盖关键利益相关方，从而聚焦核心问题，并促进高效沟通与决策。

4. 评审时长失控

评审会议的时间管理对评审效果具有重要影响。研究表明，在评审会议时长超过2小时后，评审效果会急剧下降。因此，评审组织者需通过明确议程、控制讨论节奏等措施，将会议时长控制在两小时以内。合理的会议时间安排不仅有助于提升评审效率，还能确保参与者以最佳状态参与讨论，从而提高问题识别与解决能力。

二、需求管理

现代软件工程将需求管理列为软件过程的关键要素，它不仅是整个软件开发过程中必不可少的环节，而且是软件开发成功与否的重要决定因素。科学地管理和控制需求及其变更已经成为我们在项目中必须面对和解决的关键问题[1]。

需求管理作为软件工程领域的核心实践框架，可界定为一套系统化方法体系，它涵盖了需求捕获、结构化建模以及动态追踪等全周期活动，同时构建多方利益相关者对需求演进的协同共识机制。该管理范式旨在通过语义对齐与过程协同，在客户群体与开发组织间建立需求语义的共享认知基准，确保需求规格与项目产出物之间的逻辑自洽性，并构建应对需求动态性的弹性控制机制。

需求管理维度聚焦于多维控制体系的协同运作：通过基线锁定机制实现需求变更的审慎治理，确保每次需求迭代都经过了严格的验证；依托双向映射策略维护项目计划与需求集合的实时同步，保障开发活动与业务目标的持续对齐；运用版本控制体系追踪需求文档的演化轨迹，实现变更历史的可追溯性管理；借助依赖关系网络解析需求元素与其他工作产品的耦合机理，构建影响传播的可视化模型；通过状态监控矩阵实时反映基线需求的实现进度，为决策层提供动态仪表盘支持。这些管理实践通过结构化流程与工具链的集成，形成覆盖需求全生命周期的治理闭环，既保障了需求定义的严谨性，又维持了系统演进的灵活性。

1. 需求跟踪

需求管理作为系统化的工程实践，通过构建结构化机制，精准识别需求、监控过程、追溯变更及评估影响，确保项目在复杂多变的开发环境中保持可控性。该管理范式通过需求标识体系与多维跟踪矩阵的协同作用，形成覆盖需求全生命周期的治理框架。

需求标识是管理活动的起点，它为每项需求赋予唯一标识符，为后续追踪活动

[1] 杨欢．软件需求变更的影响因素和控制管理研究［D］．上海：华东理工大学，2012：1-22.

提供基准参照。在此基础上构建的多维跟踪矩阵，通过特征关联、来源追溯、依赖解析、子系统映射及接口映射等维度，将离散的需求元素编织为具有内在逻辑关联的有机网络。特征跟踪矩阵揭示了需求与可观测系统特性之间的映射关系，确保客户价值主张的有效传递；来源跟踪体系则通过记录需求的原始输入源，为变更影响分析提供溯源性支撑；依赖跟踪网络通过解析需求间的逻辑耦合，为变更传播路径的预判提供拓扑模型；子系统跟踪框架将需求按功能模块进行聚类，实现跨组件影响的系统性评估；接口跟踪机制则通过映射需求与内外部交互边界的关联，保障系统兼容性与集成有效性。

2. 需求变更管理

需求变更的本质反映了系统演进的必然性，其不仅意味着对特定功能实现周期的调整，更可能触发需求网络的连锁反应，形成跨模块的影像传导效应。有效的变更管理框架通过构建基线体系、版本追溯机制及依赖关系图谱，实现需求演化过程的可控性管理。基线管理为需求状态建立快照基准，版本控制则记录每次变更的完整轨迹，依赖跟踪网络通过解析需求间的逻辑关联，为变更影响分析提供量化模型，三者协同形成需求演化的全景式监控体系。

变更控制流程的规范化实施是保障管理效能的关键环节，其通过设立多级审批机制，由具备全局视角的跨职能团队对变更请求进行多维度评估。该流程不仅考量变更带来的功能增益，更系统分析其对项目进度、资源分配及系统架构的潜在影响，通过成本效益矩阵与风险评估模型实现变更决策的科学化。这种结构化决策机制有效避免了局部优化对整体系统稳定性的侵蚀，确保需求变更始终服务于项目战略目标。

第三章
软件设计基础与具体实践

软件设计是软件开发生命周期中的关键环节，它涉及从需求分析到实现的全过程。有效的软件设计不仅决定了软件系统的结构和功能，还直接影响到系统的性能、可维护性和扩展性。基于此，本章探究软件设计的阶段过程、软件总体设计、软件详细设计。

第一节　软件设计的阶段过程

软件设计是一个把需求分析变换成软件表示的过程，它分为总体设计和详细设计两个阶段。

一、总体设计

总体设计是指将软件需求转化为数据结构和软件的系统结构，其主要任务是确定设计方案和进行软件结构设计，还要在需求分析阶段的基础上进行数据文件设计、制订测试计划和详细的软件工程进度计划、修订用户手册等。

1. 确定设计方案

系统结构设计在整个软件开发过程中具有关键意义，其确立需在系统分析员充分研究的基础上，经用户单位负责人批准后方可定案。通常由系统分析员提出多个可供选择的方案，并推荐其中最优者，最终由用户确定正式的系统设计方案。

第一，设计供选择的方案。系统分析阶段生成的数据流图作为总体设计的基础，构成了方案设计的起点。通过对数据流图中处理过程的合理组合，可形成多个实现路径。在分析阶段，首先应排除不可行的设计构想，保留若干具备实施可能性的备选方案。每一方案需附带翔实的设计资料，包括数据流图、IPO 图、系统构成要素、数据字典、成本效益评估以及开发进度计划等内容，以支持后续的比选工作。

第二，推荐最佳实现方案。系统分析员应对各备选方案进行系统评估，比较其在技术实现、资源配置及经济效益等方面的优劣，进而遴选出最具实施价值的方案提交用户审议。用户及相关技术专家需对所推荐方案进行严格审核，确保其在当前条件下具备可行性。经用户单位负责人批准后，设计方案即告正式确定，项目可进入下一阶段——软件结构设计。

2. 设计软件结构

为实现目标系统，需对其全部程序与数据文件进行系统性设计。对于规模较大的系统，通常先开展结构设计，继而进入详细设计阶段。在概要设计中，重点在于明确系统的模块构成及其相互关系；而详细设计则专注于各模块内部处理流程的具体化。

第一，功能分解。结构设计的首要步骤是将复杂功能系统化地分解为若干较为简单的功能单元，此过程可辅以细化的数据流图及 IPO 图支持功能描述。各模块通常对应一个明确的子功能，以便于后续实现与管理。

第二，设计软件结构。在模块组织上，应构建层次化结构体系。上层模块具备调用其下一层模块的能力，而下层模块则依次继续向下调用，直至最底层模块实现具体操作功能。该结构有助于增强系统的逻辑清晰性和维护的可控性。

3. 设计数据文件

数据文件设计建立在需求分析所得实体-关系图与数据字典的基础之上，旨在实现系统数据的结构化管理。软件系统中的数据文件承担着数据存储与模块间信息共享的功能，同时也支持系统与外部环境的交互操作。因此，数据文件的设计实质上是数据结构的设计。

在管理信息系统中，数据通常存储于数据库中，故数据库设计成为核心任务。该设计过程不仅需明确数据库的基本结构，还需综合考虑其完整性、安全性、一致性与性能优化等要素，以保障系统运行的稳定性与效率。在需求分析阶段已初步明确数据需求的前提下，设计者需进一步完成数据编码设计与数据库架构规划，以实现系统功能的数据支撑。数据库设计作为系统开发中的关键环节，对于信息系统的整体质量具有决定性影响。

4. 规划测试方案

在设计阶段预先规划测试工作，有助于增强系统的可测试性与整体质量控制。测试方案的制定应以系统功能和结构为基础，统筹考虑各类测试活动的组织与实施。

测试方案应包括总体测试策略、具体测试方法、预期测试结果、测试环境配置及进度安排等内容。在此过程中，应明确测试目标与覆盖范围，合理分配资源，确保测试活动与开发流程同步推进。通过系统化的测试规划，为后续测试执行奠定基础，并提升测试的针对性与有效性。

5. 书写概要设计文档

概要设计所涵盖的内容不仅体现设计思路的系统化与条理性，更承担着连接需求分析与详细设计的过渡职能。概要设计文档包括以下部分。

① 系统说明。全面阐释系统构成、成本与效益评估结果，并明确所采纳的最优方案。同时，通过对数据流图的细化，以及采用层次图或结构图展现软件结构，配合 IPO 图的功能过程表达，进一步揭示系统各要素间的逻辑关系，从而清晰呈现需求、功能与模块之间的对应关系与整体架构。

② 用户手册。依据概要设计的具体成果，将原始需求分析阶段的初步版本加以完善，使其更贴合系统功能与使用逻辑，为最终用户提供清晰的操作指引。

③ 软件测试。规划测试目标、内容及执行策略，以确保系统功能的可验证性

与可靠性。工程进度计划则应详尽列出各阶段任务、时间节点与资源安排，指导项目按期推进。

④ 设计结果。明确代码设计与数据库结构的配置，为系统运行提供稳定的数据支撑。

二、详细设计

详细设计是在概要设计的基础上，对系统结构和功能进行深入细化的过程，其核心目标在于明确每个模块的内部实现机制，确保软件功能的完整性与可实现性。该阶段主要包括数据结构与数据库设计，接口设计，过程设计，代码、输入输出与网络设计，文档编制以及设计复审等内容。

① 数据结构设计和数据库设计。在前期概要设计确定的系统结构基础上，需进一步明晰各模块所需的数据结构，包括数组、链表、树等基本构型，并结合应用需求进行数据库结构的具体化设计。此过程不仅要保障数据组织的高效性与合理性，还需兼顾系统运行时的数据一致性与可扩展性。

② 接口设计。接口设计是确保模块间协同运作的关键，涉及三个层面：模块之间的调用接口、模块与外部实体之间的数据交互接口，以及面向用户的界面交互设计。通过合理定义接口参数、交互方式及通信机制，可提升系统的集成效率与用户体验。

③ 过程设计。过程设计作为详细设计的核心内容，建立在系统结构、数据结构及接口设计完成的基础之上，旨在规划各模块的处理逻辑与控制流程。此阶段需明确处理步骤、数据操作方式与控制条件，并选用合理的设计方法，如面向数据流或面向数据结构的策略。过程设计通常采用顺序结构、条件选择结构与循环结构三种基本控制逻辑，通过组合与嵌套构建模块的完整算法框架。同时，应优先确保设计的简洁性与可理解性，以便程序实现的直接转化。为了增强表达清晰度，可辅以流程图、盒图、判定表、PAD 图、PDL 语言等工具，对处理流程、功能控制与数据结构进行形式化描述。

④ 代码设计、输入/输出设计与网络设计。代码设计涉及对系统中使用的标识符进行统一规划，应遵循唯一性、规范性与可扩展性原则，以提升代码的可识别性与系统处理效率。输入设计需在深入调研信息产生、采集与传输机制的基础上，明确数据的来源、格式与输入路径，确保输入的准确性与完整性。输出设计则着重于用户信息获取的合理性与效率，需全面考虑输出设备、介质、内容、方式与频率等因素，同时采取有效手段防止信息的遗失、泄露与延迟。若系统包含网络功能，还需对网络拓扑结构、通信协议、安全机制等进行系统性设计，以支持多终端接入和数据同步。

⑤ 文档编制。详细设计说明书是该阶段的重要交付物，内容涵盖程序功能描述、性能指标、输入输出要求、核心算法、逻辑流程、接口定义、存储分配策略、注释规范、限制条件与测试计划等。说明书不仅为后续编码提供直接依据，也为测试、维护及未来扩展提供参考。同时，可在此阶段起草用户操作手册，内容应涵盖

软件结构、安装步骤、运行方式、输入输出说明及特殊情况的处理方法，后续结合实际运行再进行补充完善。

⑥ 复审。在详细设计完成后，必须组织设计复审工作，从逻辑严密性、实现可行性、可维护性等多维角度，对软件逻辑结构、数据结构和用户界面设计进行系统性审查。通过复审可及时发现潜在缺陷，优化设计方案，确保软件系统在后续阶段的高质量开发与稳定运行。

第二节　软件总体设计分析

一、软件模块化设计

（一）软件模块

大型软件系统由于其控制路径繁杂、涉及范围广泛、变量数量众多以及整体结构高度复杂，往往难以被有效理解。实践表明，当将两个独立问题合并处理时，其整体复杂性超过分别处理这两个问题的复杂性之和。因此，将一个复杂问题拆分为若干独立且便于管理的子问题，不仅有助于理清逻辑关系，也显著提升了问题解决的效率与可行性。

基于这一思路，将问题或子问题的分解映射到软件开发过程中的系统与子系统、系统与模块的结构划分中，能够有效形成一种层次分明、结构清晰的模块化体系。这种模块化架构有助于将庞大而复杂的软件系统转化为若干功能明确、易于理解与实现的模块，从而提升软件的可维护性与扩展性。

模块化即是将整个程序划分为若干具备特定功能的模块的过程。每一模块各司其职，实现特定子功能，并通过相互协作共同完成整体功能需求，以满足系统目标。

设函数 $C(X)$定义问题 X 的复杂程度，函数 $E(X)$确定问题 X 需要的工作量。对于两个问题 P_1 和 P_2，如果 $C(P_1)>C(P_2)$，显然 $E(P_1)>E(P_2)$。根据人类解决问题的经验，规律是：

$$C(P_1+P_2)>C(P_1)+C(P_2)$$

综合考虑得：

$$E(P_1+P_2)>E(P_1)+E(P_2)$$

模块作为由数据说明和可执行语句等构成的程序单元，具备独立命名和通过名称访问的特性。模块亦称为组件，其通常具备三个基本属性。

① 功能：描述该模块实现什么功能。

② 逻辑：描述模块内部怎么做。

③ 状态：该模块使用时的环境和条件。

在模块描述过程中，需区分其外部特性与内部特性。模块的外部特性包括模块名称、参数结构及其对外部程序或系统产生的影响；而内部特性则包括具体实现功能的程序逻辑及模块内部专用数据。对于调用该模块的上层模块而言，通常只需了解其外部特性即可实现有效调用，无需深入了解其内部细节。在软件设计流程中，亦应遵循先定义外部特性，再设计内部特性的顺序，以保证系统设计的清晰性与一致性。

模块化方法的引入带来了多方面的积极效应。一方面，它降低了系统整体复杂度，提升了系统的可修改性；另一方面，模块化结构支持并行开发，显著提高了开发效率与资源利用率。然而，在模块划分过程中亦需权衡。尽管模块之间的独立性提升了各模块的可控性与开发效率，但模块数量的增加势必带来模块间联系与通信的复杂化，进而增加连接成本。当模块数量过多时，连接与协调成本迅速上升，从而对整体开发效率与成本构成压力。因此，在模块划分过程中，必须在模块粒度与系统耦合度之间寻求最佳平衡，确定合理的模块规模，以实现结构合理、高效可控的软件系统设计目标。

（二）抽象

在处理复杂问题时，分解是一种常见且直观的策略。通过将问题拆解成若干较小的子问题，分析和解决变得更加可行。然而，分解过程必须依赖于抽象的概念支持。复杂问题往往包含多种元素和细节，如果在分析过程中没有有效的抽象，过多的细节将导致主要问题被掩盖，从而使得解决方案不具备合理性。

在现实世界中，各种事物、状态或过程之间通常存在某些共同的相似性。通过聚焦于这些相似的特征，并暂时忽略其差异性，能够形成抽象。抽象的核心是从复杂的情境中提取出最为关键的问题，忽视次要的细节，从而为问题的分解和进一步分析提供便捷。这一过程使得问题变得更加简洁和明晰，有助于系统性地识别问题的核心。

在软件工程的模块设计中，抽象的应用体现在不同的层次上。在最初阶段，分析人员通过使用业务语言和领域术语与用户进行沟通，目的是探寻用户的动机，并通过用例、场景等方法获取用户的基本需求。这一阶段的抽象属于较高层次的抽象，关注的是问题的整体结构和需求的宏观把握。随着分析的深入，设计者逐步使用更精细的建模方法，逐步从用户的需求中提炼出具体的功能和实现细节，直至形成具体的技术解决方案。

在不同抽象层次间的转换过程中，往往会伴随着过程抽象和数据抽象的不断创建与细化。这两种抽象方法是理解和实现复杂系统的关键工具。

1. 过程抽象

在软件开发的全过程中，从系统的初步定义到最终的实现，抽象化逐步深化，每一步的推进都是对问题解决方案的一次抽象化细化。最初，在软件计划阶段，软件仅作为一个计算机系统中的元素进行考虑；而在需求分析阶段，软件的解决方案则通过使用与用户熟悉的术语，基于问题的背景进行表述。在概要设计到详细设计的过程中，抽象的层次逐渐降低，随着设计的深入，具体的技术实现和操作细节开始浮现。最终，生成源程序时，抽象达到了最具体的层面，涉及具体的实现细节。

2. 数据抽象

数据抽象是指对实际事物进行处理，提取出其关键信息并忽略与目标无关的细节。通过这种方式，设计者可以用概念化的描述来简化复杂的对象，关注本质特征。例如，在设计一个“汽车”数据对象时，可以通过定义其为一个抽象数据类型，规定其构成元素（如轮子等）来描述其内部细节。在这一层次的抽象中，汽车作为一个数据对象，实际上是由其他较为简化的抽象数据类型构成的。而一旦定义了汽车这一抽象数据类型，后续设计中便可利用这一抽象来构建其他相关对象，而无需重新涉及汽车的内部构成细节。

（三）逐步求精

逐步求精，亦称逐步细化，是一种自顶向下的设计策略，其核心在于通过逐层细化的方式，从系统的整体框架逐步明确各个过程和数据的细节，直至最终以程序设计语言的语句实现整个体系结构的构建。在此过程中，初始的系统说明通常仅为概念性描述，主要关注系统的功能或信息流，而并未涉及具体的内部实现机制或结构细节。设计人员通过对这些初步说明进行反复推敲，逐步将其细化为具体的实现细节，并根据需求将系统划分为多个组成部分。每个部分随即经历相同的细化过程，直至细化到可以通过编程语言实现的层次。

逐步求精是一个逐步深化的过程，其起点通常为较高层次的抽象描述或功能需求，并在此基础上逐步丰富、补充更多细节，最终形成功能可执行的设计。在这一过程中，抽象与细化是相辅相成的。抽象使设计人员能够忽略底层实现细节，专注于系统的高层次结构与功能，而求精则是通过揭示底层细节，逐步明确实现路径。二者的有机结合推动了设计过程的演化，使设计人员能够在逐步求精的过程中构建出完整、可行的系统设计模型。

（四）信息隐蔽

信息隐蔽作为实现软件模块化的设计标准，提出了一种有效的模块划分策略。该原则强调，设计和确定模块时，应确保每个模块的实现细节对其他模块保持隐蔽。具体而言，模块内部的所有信息（包括数据和过程）必须对不需要这些信息的模块不可访问。

信息隐蔽的核心在于通过模块化设计，确保各模块之间的通信仅限于传递实现软件功能所必需的信息。这种设计方法使得模块间的交互更加简洁和高效，避免不必要的耦合。抽象有助于识别和定义软件系统中的过程或信息实体，而信息隐蔽则进一步规定了如何限制对模块内部细节和局部数据结构的访问。

考虑到软件系统在其生命周期内需要进行多次修改，模块划分时应特别注意信息的隐蔽性。通过有效的信息隐蔽措施，大多数过程和数据可以在模块内部封装，使得修改时的错误影响仅限于局部模块，而不会波及整个系统。这种设计方式不仅提高了系统的可维护性，也减少了因修改引发的潜在问题，确保软件的稳定性和可扩展性。

（五）模块独立性

模块独立性是模块化、抽象以及信息隐蔽等设计原则的直接体现，也是评估模块化结构合理性的关键标准。模块的独立性指的是在软件系统中，每个模块仅涉及其对应的特定子功能，而与其他模块的依赖性和关联性较小。例如，一个功能独立且与其他模块联系较少的模块，便可视为具有较高的模块独立性。

模块独立性在软件设计中具有重要的作用，主要体现在以下两个方面：首先，具有高独立性的模块便于开发与项目管理，因为每个模块的开发较为独立，减少了开发过程中的相互依赖；其次，独立性高的模块易于测试和维护，由于其功能单一且与其他模块联系较少，测试和维护工作可以局限在模块内部，减少了系统整体复杂度对维护工作的影响。

因此，模块独立性被视为良好设计的关键因素，而良好的设计直接影响软件质量。模块的独立性通常通过两个准则进行度量：模块间的耦合性和模块的内聚性。内聚性度量了模块内部元素之间的紧密度，反映了模块功能的集中性。具有较高独立性的模块应表现为高内聚、低耦合，这种模块能够在最小化与其他模块的依赖的同时，确保内部功能的一致性和完整性。

1. 耦合性

耦合性是衡量模块之间相互联系紧密程度的一个重要指标，它反映了各个模块之间通过接口的交互情况。模块之间的耦合性受多个因素的影响，如模块之间接口的复杂度、调用方式以及通过接口传递的信息类型等。在模块化设计中，理想的目标是实现低耦合，即模块之间的联系尽可能简单和松散，从而提高系统的可维护性和可扩展性。耦合性可以通过七种基本类型来进行分类和衡量。

① 非直接耦合。当两个模块之间没有直接联系，且它们之间的交互完全通过主模块的控制和调度时，称为非直接耦合。此类型的耦合表明两个模块之间几乎没有依赖关系，模块的独立性最强，系统的灵活性较高，通常被视为最优的耦合方式。

② 数据耦合。数据耦合指的是两个模块之间仅通过参数交换数据进行通信，而这些数据只是简单的数据元素，并非控制参数、公共数据结构或外部变量。由于数据交换不涉及复杂的控制信息或共享数据结构，数据耦合通常被认为是松散的耦合，模块之间的独立性较强，是一种优良的耦合方式。

③ 标记耦合。标记耦合发生在模块之间通过传递复杂的数据结构（如数组、记录或文件名）进行信息交换的情况下。虽然传递的是数据结构的标识符（指向数据结构的地址），而非数据的实际内容，但模块间必须共享并了解该数据结构的内部构造。标记耦合较为紧密，因为模块之间对数据结构有着共同的理解和依赖。

④ 控制耦合。当一个模块通过传递控制信息（如标志、开关或名称）来影响另一个模块的行为时，它们之间称为控制耦合。在这种耦合方式中，一个模块通过控制信息显式地选择并决定另一模块执行的功能。这种耦合增加了模块间的依赖性，因为被控制模块的功能选择与其内部实现密切相关，且对被控制模块的任何修

改都可能影响控制模块的功能。

⑤ 外部耦合。外部耦合是指一组模块共同访问某个全局的简单变量，而不通过参数交换或共享数据结构来传递信息。这种耦合通常涉及外部资源或接口（如设备或协议），而不依赖于内部复杂的数据结构。外部耦合可能导致模块间间接的依赖，但这种依赖不如公共耦合那样紧密，通常在外部资源共享的场景中出现。

⑥ 公共耦合。公共耦合指的是多个模块共享同一个公共数据环境，如全局数据结构、共享内存区域或通信区等。随着模块数量的增加，共享的公共数据环境会带来更高的耦合性，使得模块间的独立性降低。公共耦合可以分为松散公共耦合和紧密公共耦合，具体取决于共享数据的数量及模块之间的依赖程度。尽管在某些情况下，公共耦合可以简化模块间的数据交换，但它会使得系统的维护变得复杂，因为任何对共享数据的修改都会影响到所有依赖该数据的模块。

⑦ 内容耦合。内容耦合是最为紧密的一种耦合形式，发生在一个模块直接访问或修改另一个模块的内部数据，或者当一个模块不通过正常入口访问另一个模块时。此外，内容耦合还可能表现为多个模块共享相同的代码部分。由于这种耦合方式打破了模块边界，使得模块之间的独立性最弱，因此被认为是“病态耦合”。内容耦合使得系统更容易受到单一模块变动的影响，因此应尽量避免这种耦合方式，以保持系统的健壮性和可维护性。

2. 内聚性

内聚性是模块化设计中衡量模块功能强度的标准，指的是一个模块内部各个元素之间的紧密程度。一个内聚性高的模块，其内部的各个组成部分应当紧密协作，致力于完成一个明确的功能。理想情况下，一个模块的内聚性应当表现为“只做一件事”。内聚性可以通过不同的类型进行分类，每种类型反映了模块内部元素之间不同程度的联系与依赖。

① 功能内聚。功能内聚是内聚性最强的类型，指一个模块中的各个部分都集中协作，以完成一项具体的功能，并且这些部分之间具有紧密的联系和不可分割的特性。功能内聚的模块具有极高的可维护性和可理解性，因为它们聚焦于单一的、明确的功能，模块之间的依赖性较低。然而，在实际的开发过程中，并非所有模块都能设计成只完成一个功能，由于软件系统往往需要处理复杂的多功能任务，因此功能内聚虽然理想，但并非在所有情况下都能实现。

② 顺序内聚。顺序内聚指模块内部的处理元素紧密相关，并且这些处理元素必须按特定的顺序执行。在这种内聚类型的模块中，各个处理元素通常作用于相同的数据结构，并且一个处理元素的输出通常会作为下一个处理元素的输入。顺序内聚使得数据流在模块内部有序流动，从而保证了各个处理步骤按照预定的次序执行。这种内聚性在数据流密集型的模块中较为常见，尤其在需要对数据进行多次处理并依次输出的情况下。

③ 通信内聚。通信内聚的模块中，各个功能部分使用相同的输入数据，或者产生相同的输出数据。这种内聚性通常与数据流图相关联，数据流图作为设计工具，可通过其定义模块的功能和数据交互。通信内聚模块通过共享数据来实现功能

的协同，模块内部的各个部分在数据交换上高度依赖。尽管其内聚性较强，但相比功能内聚，它的紧密度稍逊，因为其功能部分之间的联系主要依赖于数据共享，而非内部功能的紧密协作。

④ 过程内聚。过程内聚是在流程图设计中常见的一种内聚形式。通过将流程图中的特定部分提取出来组成一个模块，便得到了过程内聚的模块。在这类模块中，处理元素以特定的顺序执行，其功能组是通过控制流连接的。因此，过程内聚模块比顺序内聚模块的内聚程度稍高，因为它的元素不仅依赖于特定的执行顺序，还通过控制流相互连接。这使得过程内聚模块的结构更加复杂，通常需要在执行过程中维持一定的操作顺序，以确保各个功能能够协同完成任务。

⑤ 时间内聚。时间内聚指模块内部的处理元素虽然没有直接的功能关联，但它们在特定的时间点必须共同执行。这种内聚性在实际的设计中并不常见，因为它要求模块内的所有处理元素在同一时间执行，通常出现在那些时间驱动的任务中。尽管时间内聚的模块在设计上相对简单，但它的内聚性较弱，因为各个处理元素之间并未形成功能上的紧密关联，仅仅是在时间上同步执行。

⑥ 偶然内聚。偶然内聚是内聚性最弱的一种形式。它指的是模块内的元素之间没有实际的功能关联，而只是偶然被组合在一起。这类模块通常缺乏明确的设计目的，模块内部的各个部分可能是由于某种偶然原因被放在一起，而这些部分之间几乎没有任何交互或依赖。偶然内聚的模块通常是设计不良的模块，它们的功能分散且不明确，导致模块的可维护性和可理解性都非常低。

⑦ 逻辑内聚。逻辑内聚指模块中的各个元素虽然属于同一类型的操作，但它们之间的功能并不密切。通常，这些元素是逻辑上相关的，并由控制流来决定执行哪一个操作。逻辑内聚的模块通常设计不够清晰，因为它们可能包含多种类型的操作，导致模块的内部结构较为松散。与功能内聚相比，逻辑内聚缺乏强有力的内部关联，可能会影响系统的整体可维护性和可扩展性。

内聚性的不同类型展示了模块内部元素之间的不同关系和紧密度。模块的内聚性越强，其内部各部分的协作越紧密，系统的可维护性、可理解性和稳定性也就越高。高内聚模块的设计有助于增强软件系统的模块化程度，使得各个模块的功能更加明确且相互独立，从而提高系统的可维护性和可扩展性。因此，在软件工程实践中，设计人员应当尽量追求高内聚的模块结构，以确保系统的高效运行和长期稳定性。

二、软件结构化设计

（一）基于数据流图的结构化设计

结构化设计方法是基于模块化设计、自顶向下细化以及结构化程序设计等技术发展而来的，主要用于软件系统的总体设计。该方法从整体程序的结构出发，强调程序模块的设计，通过系统结构图来表示各个模块之间的关系。由于数据流图与系统结构图之间存在一定的联系，结构化设计方法与需求分析阶段所使用的结构化分析（SA）方法能够有效对接。基于数据流图的结构化设计方法，关键在于识别和确定数据流的类型，其中包括变换型数据流和事务型数据流。

1. 变换型数据流

在软件系统的设计中，核心任务通常是对输入的数据进行加工处理，产生相应的输出数据，这一处理过程可以被视作变换型数据流的基础操作。变换型数据流的工作过程通常分为三个步骤：数据的获取、数据的变换和数据的输出。这三个步骤共同构成了变换型数据流的基本框架，其中数据变换是整个处理过程的核心，数据获取仅为后续变换提供必要的输入，数据输出则是对变换数据的后续处理和传递。变换型数据流有时也被称为变换流，其本质是描述输入数据经过处理后的变换过程，最终生成输出结果。

在系统结构图的第一层设计中，变换型数据流的主要组成部分包括输入、变换中心和输出三个模块。每个模块都承担着数据流的不同职能，从而共同实现对数据的全流程处理。在这一层次的设计中，首先要识别和定义数据流图中的变换中心、逻辑输入和逻辑输出。

具体而言，变换型数据流设计过程可分为以下步骤。

① 确定数据流图中的变换中心、逻辑输入和逻辑输出。在数据流图中，变换中心是整个数据处理过程的核心，负责数据的主要变换工作；逻辑输入是外部输入的数据，它们需要经过一定的处理才能为系统使用；而逻辑输出是处理后的数据，最终作为系统的输出。

② 进行一级分解，设计顶层和第一层模块。这一阶段的重点是进行模块化设计，首先为主模块命名并确定其位置。主模块作为系统的顶层，负责调用下层模块来完成各项任务。在这一层的设计中，对于每一个逻辑输入，都需要设计一个输入模块，确保数据可以从外部传递给主模块；对于每一个逻辑输出，都需要设计一个输出模块，将主模块的结果输出；而中心变换则需要设计一个变换模块，它的任务是将逻辑输入转化为逻辑输出。通过这种方式，顶层模块与第一层模块之间的连接和数据传递得以顺畅实现。

③ 进行二级分解，设计中、下层模块。在这一阶段，设计人员继续从顶层向下分解，将输入模块、输出模块和变换模块进一步细化。每一个输入模块需要具备接收外部数据并将其转换成上级模块所需数据的能力；输出模块则需要接收来自上级模块的数据，并将其转化为适合输出的形式。对于中心变换模块的下层设计，没有固定的标准方法，但通常需要依据数据流图中中心变换部分的内容及功能分解的原则来决定如何分解这些模块。

④ 进行优化设计。在完成基础的模块设计之后，系统还需进行优化，以提高模块的独立性和系统的整体性能。优化可以从以下几个方面入手。

a. 输入部分优化：对每一个物理输入设置专门的模块，以清晰地标示系统与外部的接口。如果某些输入模块与数据转换模块的功能较为简单且相似，可以将其合并为一个模块，减少冗余设计。

b. 输出部分优化：对每个物理输出设置专门模块，同时注意将相似功能的输出模块进行合并，从而降低耦合度，提高系统结构的质量。

c. 变换部分优化：根据设计准则，对变换模块进行合并或调整，以提高系统的灵活性和可维护性。

通过这些优化步骤，设计者可以实现模块间的低耦合、高内聚，从而提升系统的可维护性和扩展性。最终，通过这些细化和优化过程，系统的结构将更加简洁、高效，有助于系统的稳定运行和长期维护。

2. 事务型数据流

① 识别事务源和事务中心。在软件系统的设计过程中，首先需要通过数据流图和数据词典，从需求分析和问题定义中提取出系统需处理的事务。事务通常源自物理输入装置，但有时设计人员还需区分不同类型的事务，特别是输入、中心加工和输出之间的事务。事务源是系统外部或内部提供数据的起点，而事务中心通常位于操作路径的起始点，且可以直接从数据流图中识别。设计人员应确保输入路径与其他操作路径明确区分，从而便于后续处理和分析。

② 将数据流图映射到事务型系统结构图上。在识别事务源和事务中心后，下一步是将数据流图映射到事务型系统结构图上。事务流需要映射到包含输入分支和事务处理分支的程序结构中。事务处理分支结构包含调度模块，负责调度和控制下属操作模块的执行。此步骤要求将事务流的各个环节合理组织成模块化结构，以确保信息流在系统内的顺畅流动。

③ 分解和细化事务结构及每一操作路径的结构。一旦事务流和结构图初步建立，接下来需要进一步分解和细化事务结构以及每条操作路径的结构。每条操作路径的数据流图都有其独特的信息流特征，可能是变换流，也可能是事务流。在此基础上，与每条操作路径相关的子结构应依据前述设计步骤进行开发。设计人员可对各个模块进行逐步细化，尤其是在事务分析过程中，若不同事务之间存在中间模块的相似性，设计人员可以将这些模块组合成公用模块，这样不仅可以减少冗余设计，还能提高系统的复用性与可维护性。

④ 利用启发式原则优化系统结构图。在初步完成模块设计后，系统结构图可能还存在优化空间。此时，设计人员可以采用启发式原则来改进结构图。在具体设计过程中，设计人员应将当前模块的下层模块视为“黑箱”，即只关心模块的功能、输入和输出，而暂时忽略其内部结构和实现细节。这一方法允许设计人员在不被内部复杂性干扰的情况下，集中精力解决当前模块的设计问题。随着设计逐步深入，更多的“黑箱”被逐步展开，最终所有模块的内部结构会被明确。这一过程遵循了自顶向下、逐步求精的设计方法，有助于逐步实现模块的详细设计，同时减少了初期设计中的复杂度。使用“黑箱”技术的最大优势在于能够有效地分阶段解决设计问题，并为后续的系统完善留出空间，最终形成一个结构清晰、功能明确的系统设计。

（二）结构化设计的基本步骤

面向数据流的结构化设计过程基于数据流图，并依据数据流的不同类型进行分类，主要包括变换流设计与事务流设计。尽管这两种设计类型在具体方法上有所不同，但其基本步骤具有一致性。结构化设计的总体步骤流程包括以下阶段。

① 对数据流图进行研究、分析和审查。在这一阶段，重点是从软件需求规格说明中明确数据流的加工过程，确保其设计的完整性与合理性。此时，设计人员需检查数据流图中是否存在遗漏或不合理的地方，并针对这些问题进行及时的调整与修改，以确保图示的准确性与可操作性。

② 根据数据流图，确定问题的类型。在结构化设计中，数据处理问题通常可分为变换型与事务型两种典型类型。针对这两种类型，设计人员需分别进行分析，并根据其特征制定不同的处理策略。这一阶段决定了后续设计的方向与处理方式。

③ 从数据流图推导出系统的初始结构图。在变换流设计中，关键在于确定输入流与输出流的边界，输入流和输出流之间的部分即为变换流，或称为“变换中心”。对于事务流设计，则需明确一个接收分支和一个发送分支，发送分支包含一个“事务中心”以及各个事务动作流。这一步骤为系统的结构设定了基础框架。

④ 在初始结构图完成后，利用启发式原则对其进行改进。这一过程中，设计人员通过反复调整与优化，直到获得符合设计需求的结构图。改进的过程可能涉及多个层面的调整，以确保系统的结构合理且功能完整。

⑤ 详细描述各模块的功能、接口以及全局数据结构，并在此基础上更新和完善数据字典。这一步骤确保了系统中每个模块的角色、相互之间的通信方式及数据流动的准确性。

⑥ 进行复查，确保设计中没有错误。如果发现问题，需要返回步骤②进行修正和完善；否则，进入详细设计阶段，并开始制定相关的测试计划。这一阶段的目标是确保系统设计的高效性与可行性，确保在进入后续阶段前，设计方案能够满足所有的需求和标准。

三、总体设计的工具

（一） HIPO 图

HIPO（Hierarchy plus Input-Processing-Output）图是用于描述软件系统结构与模块功能的重要设计工具，起源于模块化程序设计思想的演进，其核心在于通过图形化方式清晰表达模块层次及其功能特性。HIPO 图由 H 图和 IPO 图两部分组成，分别用于展示系统的结构层次和模块的输入、处理、输出过程，是对软件系统从总体到局部的层次化建模方法的体现。

1. H 图

H 图作为 HIPO 图的组成之一，主要用于描述软件系统的模块层次结构。每个矩形框代表一个功能模块，模块之间的调用关系通过直线连接体现，但该图并不涉及调用顺序的具体细节。系统最上层的模块一般为主模块，负责调用下层模块并统筹全局功能的实现；下层模块按照功能划分，逐步细化系统操作。为增强模块识别与管理的清晰性，通常采用分层编号方式标识各级模块，如从 1 到 1.1 再到

1.1.1，确保在模块层次复杂的系统中也可保持良好的可读性与可控性。

2. IPO 图

IPO 图用于对 H 图中所示模块进行细化说明，特别是描述模块的输入数据、处理逻辑与输出结果的关系。图形构成简洁，仅由输入框、处理框和输出框三部分组成，通过箭头清晰标示数据在模块内部的流动路径。输入框列出模块所接收的关键数据，处理框说明数据加工处理的主要过程，输出框则列示模块的处理结果。该图的使用使得模块功能的表达更加具象，有助于设计人员理解并实现模块的具体操作流程。每张 IPO 图均需明确标注其对应模块在 H 图中的编号，从而确保模块之间的可追踪性与一致性。

（二）系统结构图

系统结构图是结构化设计方法中的核心描述模型，亦称软件结构图或控制结构图。该图通过图形化方式刻画软件系统的模块层次结构、模块间的调用关系以及数据流与控制流的传递路径，是进行系统物理结构设计的重要工具。系统结构图的核心在于展现模块之间的组织结构，它不仅揭示了系统的功能分解，还明确了各个模块之间的依赖关系和控制流向。

相较于数据流图和程序流程图，系统结构图具有其独特的功能定位。其着重于模块之间的调用顺序与层次划分，而非数据本身的流动过程或具体的控制语句流程。图中的有向边表明模块间的调用路径，即程序在运行时控制权从上级模块传递至下级模块，并在调用结束后返回上级模块，从而体现了软件执行流程中的控制关系。

在需求分析阶段，系统的功能被逐步分解形成分层结构，各层之间具有清晰的职责划分。这一结构在设计阶段被进一步转化为系统结构图，通过模块间的组合与组织，形成了能够承载实际需求的软件系统架构。

1. 系统结构图中的模块

系统结构图中最底层、不可再分解的模块被称为原子模块，其主要承担系统中具体的数据加工任务。在理想状态下，所有的数据处理功能应集中于原子模块中，而上层模块则主要承担控制与协调任务。当一个系统结构图完全由原子模块实现功能处理，其余模块仅负责协调调度，则这种系统在模块划分与职责分离上达到了优化状态。

系统结构图中的模块一般可分为以下四类。

① 传入模块：负责从下层模块接收数据，进行必要处理后传递给上层模块。

② 传出模块：从上层模块接收数据，经处理后传送至下层模块。

③ 变换模块：主要承担数据加工任务，将接收到的数据进行转换处理后返回上级模块。

④ 协调模块：主要用于调度和协调下属模块，常出现在系统结构的高层位置，负责整体流程的组织与控制。

此外，在实际设计中，还可能出现多种模块功能的组合体，以适应复杂功能需求。

2. 系统结构图中的模块调用关系

系统结构图通过有向线明确表示模块之间的调用关系，即控制权的传递方向。这些有向线不仅指示调用关系，还可以携带数据和控制信息，构成模块间接口的基本形式。在某些简化表示中，数据信息和控制信息可被省略，但其逻辑关系依然存在。

模块间的调用关系主要包括顺序、选择和循环三种基本形式。其中，顺序调用通过左右位置关系来表示调用先后；选择调用和循环调用则通过分支结构予以图示。特别是在变换型系统中，主模块的下属模块按照逻辑输入、中心处理与逻辑输出的顺序从左至右依次排列，模块位置的安排具有明确的语义指示作用，反映了系统内部处理逻辑的清晰流程。

第三节　软件详细设计分析

一、结构化程序设计

结构化程序设计是一种以控制结构为核心的程序设计方法，其基本理念在 20 世纪 60 年代逐步确立并完善。该方法强调通过限定的控制结构实现程序逻辑，主张消除不利于程序可读性和维护性的 GOTO 语句，认为程序的质量与其中所包含的 GOTO 语句数量呈负相关关系。该观点推动了程序控制结构规范化的发展，并为后续的软件工程实践奠定了理论基础。

结构化程序设计采用有限的控制结构来表达程序逻辑，主要包括三种基本结构：顺序结构、选择结构和循环结构。这些结构构成了所谓的经典结构化程序设计，其核心思想在于通过单入口、单出口的逻辑控制流程，保证程序逻辑的清晰性与稳定性。随着设计需求的复杂化，扩展的结构化程序设计应运而生，在保留基本结构的基础上引入 DO-CASE 多分支结构与 DO-UNTIL 循环结构，以增强逻辑表达能力。进一步地，修正的结构化程序设计允许在特殊情境下使用 LEAVE 或 BREAK 等跳出结构控制流程的机制，以提高处理灵活性。

结构化程序设计不仅强调控制结构的规范性，还遵循一系列设计原则，以提升程序的整体质量与可维护性。

首先，采用自顶向下、逐步求精的模块化设计方法。该方法以系统整体为出发点，逐步将问题细化为子问题，从而构建出结构清晰、层次分明的程序架构。相较于自底向上的方法，其更能确保全局控制与逻辑一致性，有助于减少设计偏差与结构混乱。

其次，结构化程序设计推崇由全局到局部、由整体到细节的开发过程。这种方式有助于建立清晰的逻辑层次，使得程序在实现过程中易于阅读、理解与调试。通过层层细化，开发人员能够聚焦于各层级的具体任务，提升程序逻辑的条理性和执行效率。

最后，限制或避免使用GOTO语句是结构化程序设计的重要规范之一。实践表明，GOTO语句的滥用往往导致程序流程跳跃不定，增加错误率和维护成本。结构化程序设计通过统一的控制结构构建逻辑路径，使程序的静态结构与运行行为一致，从而便于错误定位与修复，提升软件产品的整体可靠性。

二、详细设计工具

1. 程序流程图

程序流程图是一种与编程语言无关的图形化工具，其以直观的方式表达程序的控制流程，在程序设计的初级阶段具有良好的可理解性和易学性。然而，该工具亦存在诸多限制，主要体现在形式规范与表达能力方面。由于缺乏统一、严谨的符号定义，程序流程图在实际使用中常常出现图形符号随意化、控制流程自由跳转等问题，从而削弱了其在结构化程序设计中的适用性。为满足软件工程化的规范需求，必须对流程图所使用的符号进行严格限定，仅允许使用若干基本控制结构作为构图元素，进而确保流程图的结构化性质。

在结构化设计背景下，复杂的控制逻辑应通过五种基本控制结构的组合与嵌套实现。这种限定有助于保持程序流程图的清晰性与一致性，使其符合结构化程序设计的基本原则。然而，程序流程图仍存在显著缺陷，包括难以体现逐步求精思想、对控制流程过度关注而忽略了程序整体结构以及缺乏对数据结构的良好支持等。因此，尽管其在历史上具有广泛的应用基础，在当前软件设计实践中其使用频率已显著下降。

2. N-S图

N-S图，又称盒图，是为适应结构化程序设计而提出的一种图形工具。其设计理念旨在严格遵循结构化程序设计原则，通过规范化的图形构件表示程序的基本控制结构。N-S图摒弃了传统流程图中不受限制的控制流转移，代之以封闭、层次分明的盒状结构，从而增强了程序设计的逻辑清晰度与结构完整性。

N-S图的主要优势在于：首先，其通过明确的功能域划分，提升了控制结构的可视性；其次，由于图中不存在控制流箭头，避免了不受约束的跳转问题；再次，其天然支持对变量作用域及嵌套结构的表达，为程序的模块化与层次化设计提供了良好支撑。然而，当程序结构复杂、嵌套层级较多时，N-S图可能出现内层方框缩小、图形布局困难的问题，影响其可读性。为应对此类问题，N-S图引入了嵌套定义机制，通过编号和图形化封装，使其即使在复杂结构下也能保持图形的有序性与表达力。

通过持续使用N-S图，程序开发者可逐渐形成结构化思维方式，从而在软件开发过程中始终坚持自顶向下、逐步求精的设计理念。

3. PAD图

PAD图（问题分析图）是在程序流程图的基础上发展而来的图形工具，其设计思想根植于结构化程序设计原则。PAD图通过图形化的方式展现程序逻辑结构与模块层次关系，已成为国际标准化组织认可的程序设计工具之一。其显著特点在于图形结构明确、支持递归定义，能够清晰地展现控制结构的层次演进。

PAD图设定了五种基本控制结构，并通过纵向主干线表达程序的层次组织。每一层次从左至右依次展开，各层通过逻辑判断或循环结构形成嵌套关系，使得程序控制流的执行路径清晰可循。程序的执行顺序从主线顶部开始，逐层深入，直至主线底部完成整个程序流程。这种纵横结合的表示方法，强化了结构化设计的层级概念。

PAD图具有多方面优势：

① 程序逻辑结构清晰，层次关系直观；

② 完全支持自顶向下的逐步求精过程；

③ 既可表示程序控制逻辑，也可反映数据结构内容；

④ 图形表达简洁，便于书写和理解；

⑤ 可通过自动化工具实现向高级语言代码的转换，提高开发效率。这些优点使PAD图在实际开发中具有较强的适用性，尤其适用于复杂系统的详细设计阶段。

4. 判定表

在面临包含多重嵌套条件选择的算法设计情境时，传统的图形化工具如程序流程图、N-S图或PAD图往往难以有效表达复杂的逻辑关系。此时，判定表作为一种系统化的表示方式，能够清晰而无歧义地展示各类条件组合与相应操作之间的逻辑联系。判定表的构造依据在于对条件真值状态的系统枚举，每一条件仅取“真”（T）或“假”（F）两种状态，从而确保逻辑表达的明确性与可控性。

判定表通常由四个部分构成：左上部为列举的所有判断条件，左下部为系统所涉及的可能动作；右上部则展示条件的所有有效组合，而右下部则对应每一组合下的具体执行动作。每一列代表一条规则，对应特定的条件组合与操作指令。该结构的核心优势在于能将复杂的条件逻辑压缩为有限、清晰的规则集，避免冗余判断或逻辑重叠。

判定表的优势在于其静态逻辑的表达能力强，可在无需分支嵌套的情况下完整覆盖所有可能的条件情形，且在视觉上易于审阅和维护。然而，其局限性也较为明显。判定表本质上为静态工具，仅能描述在特定条件下所需执行的操作，而无法体现操作的执行顺序，亦无法表示循环结构。因此，其适用范围主要局限于复杂条件判断逻辑的整理与表达，难以胜任全面的软件结构设计任务。

5. 判定树

判定树，又称决策树，是一种适用于多条件决策场景的逻辑表达工具，其设计思想与判定表类似，均强调条件与操作之间的映射关系。然而，判定树采用树形结构逐层展开条件判断，以分支节点表示条件，以叶节点表示操作结果，从而形象地呈现出决策过程中的条件演化路径，其构建要求首先明确所有相关条件与决策，然后按照合理顺序逐层划分，以生成具有逻辑一致性的判断流程。

判定树的设计中，分支顺序对于整棵树的简洁程度具有关键影响。优先选择区分度高或影响面广的条件作为第一层分支，可有效压缩树的规模，降低后续节点的复杂度。相反，不合理的分支选择将导致叶子节点的大量增加，进而提升程序实现的复杂性与维护难度。

判定树具有若干显著特征：

① 能够清楚地表示多条件组合与对应操作之间的决策关系；

② 结构形式简洁直观，因而在实践中得到了广泛应用；

③ 与判定表相比，判定树往往存在冗余表达的问题，同一逻辑值可能在不同路径中多次出现，导致信息重复，尤其是在条件数量较多时，叶节点数目增长迅速。

第四章 面向对象的软件开发与设计

面向对象的软件开发与设计强调类与对象的定义、继承、封装和多态等特性，旨在提升系统的灵活性、可维护性和可扩展性，使软件能够更好地适应复杂和不断变化的需求。本章主要探究面向对象软件开发方法与UML、软件体系结构与设计模式、面向对象分析与设计步骤。

第一节 面向对象软件开发方法与UML

面向对象是一种编程范式，它将计算机程序视为一系列对象的集合，认为这些对象具有数据（即属性），并且可以在这些数据上执行操作（即方法）[1]。面向对象方法有许多优点，是目前广泛使用的软件开发方法之一。面向对象方法的要素是对象、类、继承和消息通信。软件工程领域取得的最重要的成果之一，是统一建模语言（UML）。UML是一种直观的、通用的、可视化建模语言。在用面向对象方法进行软件分析和设计时，必须按照其方法和原则，要懂得UML的概念、符号和使用规则，然后再学习如何灵活应用UML进行软件的分析、设计。目前在设计移动互联系统时，常采用面向对象方法。

一、面向对象方法

面向对象方法作为软件工程发展过程中的重要成果，已成为现代软件开发的主流方法论。该方法在继承传统结构化分析优势的基础上，对系统建模方式进行了根本性转变，其核心理念在于从系统实际问题出发，以对象为基本单元，将现实世界中的实体及其相互关系完整映射到软件系统中，从而实现对问题域的自然表达与逻辑结构的统一呈现。面向对象方法以高内聚、低耦合为设计目标，强调结构的封装性、继承性与多态性，为软件系统提供了高度的可重用性和可维护性。

在方法体系上，面向对象方法重构了传统开发过程中的分析与设计模式。其显著特点在于分析与设计阶段采用统一的建模语言和概念体系，使得整个开发过程更具连续性和一致性，降低了阶段间的理解与转换成本。这种一致性不仅优化了开发效率，也增强了开发团队对系统逻辑的整体把控能力，有助于提升系统的完整性与可演化性。

---

[1] 孔江华，李红育，杨勇．面向对象软件开发能力培养实践教学设计［J］．华东科技，2024(5)：126.

面向对象方法注重系统行为与结构的并重描述，通过对象之间的动态交互建模，构建起系统运行机制的清晰图景。其方法不仅关注对象本身的属性与操作，还强调对象间的通信机制，通过消息传递实现模块间的逻辑协作，从而构建出灵活且富有扩展性的系统结构。同时，继承机制的引入极大地促进了软件功能的模块化和体系化演进，降低了冗余性和重复开发，提高了系统组件的复用效率。

（一）面向对象方法的要素

1. 对象

面向对象方法作为当代软件开发的核心理念，其方法论基础建立在对客观世界的系统抽象之上，强调将现实世界的构成实体映射为计算系统中的“对象”。对象是面向对象方法的基本单元，代表系统中的一个个独立实体，具有明确的状态与行为。这种对象化的思维方式突破了传统方法以功能为中心的限制，能够更为自然地分解系统结构，从而有效提升模型的清晰度和可维护性。

2. 类

在对象的基础上，面向对象方法进一步引入“类”的概念，对同类对象进行统一抽象与归类。类定义了一组具有相同属性和行为的对象集合，既体现了系统静态结构的共性，又为对象之间的共享与复用提供了逻辑基础。通过类的组织，面向对象方法不仅强化了系统的结构化管理，还为软件组件的标准化与模块化打下了坚实基础。

3. 继承

继承机制是面向对象方法中实现层次化建模与特性传递的核心手段。通过建立基类与派生类之间的继承关系，使得下层类能够自动拥有上层类的属性和方法，进而实现系统功能的逐层扩展与优化。继承不仅减少了冗余定义，还提升了系统的可扩展性与适应性，为面向对象系统的渐进式开发与维护提供了有效支撑。

4. 消息传递

对象之间的通信通过“消息传递”机制完成，体现了系统运行时各部分之间的动态交互关系。对象仅通过接收和响应消息来处理操作请求，确保了其数据的封装性和完整性。这种消息驱动的通信方式不仅增强了系统各组件的独立性与自治性，也提高了系统在复杂环境中的适应能力和稳定性。

（二）面向对象方法的概念

面向对象方法的概念主要包括：实例、封装、多态性和重载。

1. 实例

在面向对象方法中，实例是对类的具体化表达，是系统运行过程中实际存在的对象实体。每一个实例均由某一特定类派生而来，具备该类所定义的属性结构与行为特征。实例不仅承载了类的静态特征，还在运行中体现出动态行为，是类在实际环境中应用的具体体现。通过实例化过程，类中抽象的定义被赋予具体的数据值与状态，从而具备实际操作能力。

实例概念的运用不仅限于对象层面，在面向对象建模体系中，其他建模元素亦可具有实例形式，如模型、关系和操作等，其实例在实际系统中发挥着具体功能，增强了建模语言的表达能力和系统的可操作性。这种广义的实例化机制体现了面向对象方法对现实问题建模的广泛适应性与灵活性，为系统的精细化表达和工程化实施提供了坚实基础。

2. 封装

封装是面向对象方法中的核心机制之一，其本质在于将对象的属性与方法有机结合，构成一个高度自治、边界明确的功能单元。通过封装，系统能够有效实现信息隐藏的目标，即将对象的内部实现细节屏蔽于外部调用者之外，仅通过预定义的接口进行交互。这种设计策略不仅增强了对象的独立性与安全性，也提升了系统模块之间的解耦程度。

在实际开发过程中，封装使得对象的内部结构得以灵活调整而不影响外部依赖关系，从而增强了系统的可维护性与可扩展性。同时，封装为数据的完整性提供了制度保障，通过控制对属性的访问权限，能够有效防止非法访问和操作行为的发生。这种控制机制确保了对象状态的一致性，并促使开发者在设计接口时更具严谨性与规范性。

3. 多态性

多态性是面向对象方法的重要特征之一，其核心在于不同类的对象能够对相同的消息做出各自特有的响应。该机制允许多个相关类在共享相同行为名称的前提下，根据其自身的具体实现，在运行过程中动态选择相应的算法或操作方式。多态性通过统一的接口实现行为差异，增强了系统结构的灵活性与可扩展性。

在程序执行过程中，多态性使得调用端无需了解对象所属的具体类，即可通过通用接口进行操作，从而实现了调用与实现的有效分离。这种机制不仅简化了系统设计与维护，也提高了代码的复用效率。通过对共同行为的抽象定义与子类的多样化实现，系统能够更自然地映射现实世界中对象间的差异性与共性。

从系统架构角度看，多态性体现了模块化和开放封闭原则的高度契合，支持在不修改已有代码的基础上引入新功能模块，增强了系统演化的可控性与稳定性。因此，多态性作为面向对象方法的关键支撑机制，在实现系统动态行为绑定与提升整体设计质量方面具有重要而积极的作用。

4. 重载

重载是面向对象方法中提升程序表达能力与灵活性的重要机制，主要包括函数重载与运算符重载两个方面。该机制允许在同一作用域内，通过参数数量或类型的差异，定义名称相同但功能实现不同的函数或操作行为，从而实现对行为名称的多样化语义赋值。这种机制不仅增强了语言表达的直观性，也提升了代码的可维护性与可读性。

函数重载通过对参数特征的区分，实现同一函数名在不同上下文中的适配能力，有效降低了命名冗余，使得程序接口更加统一、简洁。运算符重载扩展了语言原生运算符的语义边界，使其能够适用于用户自定义的数据类型，实现语义上的自然映射与操作一致性，从而提升代码的抽象层次与表现能力。

重载机制的引入，为开发者提供了更高层次的语言控制能力，使得面向对象系统在保持结构清晰的同时，具备更强的表达适应性与功能重用性。其在实际软件开发中具有显著的实践价值，是实现抽象封装与统一接口设计的重要技术手段，体现了面向对象方法对复杂系统建模能力的持续优化。

二、 UML

（一） UML 内容

UML 是一种描述、构造、可视化和文档化的软件建模语言。UML 是面向对象技术中软件分析与设计的标准建模语言，它统一了面向对象建模的基本概念、术语及其图形符号，建立了便于交流的通用语言。

1. UML 语义

UML 语义是在系统建模过程中用以表达模型含义的核心机制，其本质在于对建模元素及其关系的统一定义与精确定义，从而保障建模语言的严谨性与可理解性。UML 语义不仅承担了描述建模元素之间逻辑联系的职责，还为模型在不同抽象层次上的一致性提供了理论支撑与技术基础。其语义结构是多层次的，与建模框架的四个抽象层次密切相关，构成了 UML 语言的内在语义体系。

在基本元素层，UML 语义通过明确定义构成建模语言的基本构件，为后续的抽象建模提供语义约束。这些基本元素不仅是系统建模中的最小组成单位，更是整个语义体系的基础。元模型层进一步扩展了这些基本构件，通过元类之间的关系，构建了 UML 的元语法体系。此层语义强调建模语言自身的结构与规范性，是实现 UML 工具互操作性与一致性的关键。

静态模型层的 UML 语义关注的是系统结构的表达能力，它通过清晰地描述类之间的继承、关联、依赖等静态关系，确保了系统设计在结构层面上的逻辑严密性和可维护性。用例模型层所体现的语义侧重于需求建模的清晰性与可追踪性。通过从外部视角定义系统行为，该层语义为开发过程中的功能分解与行为建模提供了指导。

2. 视图

UML 内容中的视图机制在于将复杂系统划分为不同关注焦点的图形化表示，从而提升模型的清晰度与系统构造的可管理性。视图作为建模信息的组织形式，承载着对系统结构、行为、功能及实现等多个维度的表达职责，使得建模活动能够兼顾抽象性与具体性、静态性与动态性之间的平衡。

UML 所定义的多种视图类型各具功能与特性，共同构建了对系统全面、系统化的描述体系。静态视图强调对结构要素及其关系的建模，确保系统架构的稳定性与一致性；用例视图聚焦于用户需求的刻画，为系统功能分析与验证提供依据；实现视图和部署视图分别从组件层面和物理配置层面呈现系统实现细节与运行环境，增强了模型的可执行性与可部署性；状态视图与活动视图侧重于系统行为的动态变化；交互视图揭示对象间的协作机制；模型管理视图统一管理模型元素之间的依赖与结构层次。这些视图的协同应用，有效促进了建模过程的系统性、规范性与层次化，为复杂系统开发与维护提供了坚实的技术支撑。

3. 模型元素

在 UML 建模体系中，模型元素是构建模型图的基本构件，承载着对系统结构与行为的抽象表达。其涵盖了用于描述系统功能、静态结构、动态行为及其相互关系的核心概念，是实现模型语义统一与图形表示一致的关键要素。模型元素以标准化的图形符号进行表达，不仅增强了模型的可视化效果，也确保了建模语言的规范性与可识别性。

模型元素具有高度的可复用性与一致性，在多个不同视图或图中均可重复使用而不改变其语义含义。这种特性有助于在建模过程中实现跨视图的一致建构与信息同步，保障模型的整体协调性与逻辑完整性。无论是结构层面的类与对象，还是行为层面的消息与状态，均以统一的符号规则加以标注，从而增强了模型在不同抽象层次间的连贯性与可追踪性。

4. 通用机制

UML 中的通用机制为模型的构建与表达提供了灵活且系统化的支持，通过为所有模型元素提供统一的语义和语法定义，使得建模语言能够实现高度的规范化与一致性。这些通用机制不仅为 UML 图形符号的表示提供了标准化的附加信息，还扩展了模型的表达能力，提升了其在不同应用场景中的适应性与准确性。

具体而言，字符串作为一种通用机制，被用于表达与模型相关的各种信息，它通过简洁的文本形式向模型附加额外的描述，确保了系统信息的全面性与可读性。名字机制使得每个模型元素具备独立的标识符，帮助区分不同的元素并支持元素间的语义关联；标号机制进一步通过附加字符来增强模型元素与图形符号之间的映射关系，使得元素的表达更加清晰与直观；特定字符串机制能够为模型元素附加独特的特性或属性描述，为后续分析与操作提供了丰富的信息维度；类型表达式通过声明属性变量和参数，支持对模型中属性的精准定义与约束，从而确保了模型在动态行为与静态结构上的一致性与完整性。

（二）UML 图

1. 对象图

对象图在 UML 中作为描述系统静态结构的重要工具，提供了系统在某一特定时刻的状态视图。它通过展示类的实例及其相互关系，反映了系统中具体对象之间的静态连接方式。对象图本质上是类图的实例化形式，其中每个对象都代表了类的一个具体实例，并且展示了这些对象在特定时刻如何互相联系和交互。

对象图的核心功能在于帮助开发人员和系统设计者理解复杂的类图结构，特别是在面对大量类与其关系时，通过具体的实例化视图，使得抽象的类之间的联系变得更加直观和易于理解。对象图中的每个对象名称下方都会加上下划线，以明确区分其与类的区别，这一标记方式使得对象图在表达时更加清晰和规范。

在对象图中，强调的是对象实例及其属性在某一时刻的具体值以及它们之间的关系，而不仅仅是类的结构。通过这种实例化的视图，开发人员能够更好地掌握对象在特定场景下的状态和交互，为系统的调试、优化及后续开发提供了有力的支持。

2. 用例图

在软件开发过程中，用例图作为UML中的核心元素之一，从用户的角度出发，直观地描述系统的功能需求与执行者之间的交互，为系统的设计与开发提供了重要的指导。用例图不仅反映了系统所需的功能，还揭示了这些功能如何与不同的用户角色进行交互。因此，在构建复杂软件系统时，用例图不仅是功能需求分析的重要工具，也是在实现系统功能时，确保满足用户需求的有效手段。

用例图的设计以用例为核心。用例代表了系统对外提供的功能，它们通过交互满足用户的目标或需求。用例本身通常使用椭圆形状表示，每个用例代表一个特定的功能或服务，而不是某个特定实例的操作。尽管用例具有可变的大小，但每个用例必须针对一个明确的用户目标提供完整的解决方案。这种抽象化的描述方式，避免了具体实现的细节，专注于用户与系统之间的交互需求。系统的设计由多个用例构成，这些用例共同组成了系统的功能框架。

在用例图中，执行者的角色极为关键。执行者通常使用人形图案表示，代表那些与系统进行交互的用户或系统。执行者不仅限于单一的用户类型，还可以是其他系统或物理设备，这些执行者通过激活用例，推动功能的执行。每个执行者对应着一定的功能需求，这些需求由用例来实现。通过在用例图中明确表示执行者与用例之间的关系，能够清晰地定义谁在使用系统的哪些功能。执行者之间也可以存在一般与特殊关系，这种关系有助于细化不同角色的功能需求和系统响应。

用例与执行者之间的关系通过通信联系体现。通信联系通常用线段连接执行者与用例，表示它们之间的信息交换。这种联系不仅揭示了执行者触发功能的方式，也反映了执行者与系统功能之间的相互作用。通信联系不局限于单一的执行者与用例之间的交互，一个执行者可以与多个用例相关联，反之亦然。而且，同一用例在不同执行者之间的作用也可能有所不同。因此，通信联系的设计需要准确捕捉系统中的每一个交互关系，以确保系统功能的正确实现。

用例图中还可以包含脚本的元素。脚本是用例的具体实例，表示系统的一次完整执行过程。脚本的作用在于，通过具体实例化用例，展现系统在实际运行中如何执行某一功能。这一过程能够帮助开发人员从用户的实际操作视角，进一步理解和评估系统功能的表现。为了完整描述系统功能，理想的用例图应尽可能囊括所有的脚本，以便从用户使用的角度全面呈现系统的功能需求。

第二节　软件体系结构与设计模式

一、软件体系结构及其作用

（一）软件体系结构

软件体系结构决定了系统的整体组织结构，并对系统的可理解性、可维护性及可扩展性起到至关重要的作用。随着软件工程的发展，体系结构的设计和实现已成为构建高质量软件系统的核心任务之一。尽早提出和明确系统体系结构，可以为开发团队提供明确的设计框架和决策指导，从而有效减少后期开发中的不确定性和风险。

软件体系结构通常被理解为系统各个组成部分之间的结构化关系，涵盖了构件及其交互方式。尽管对软件体系结构的定义在学术界存在一定差异，诸多学者一致认为其本质是对系统各个组件及其交互的全面描述。体系结构不仅包括系统的功能组件，还涉及这些组件之间的交互方式和数据流动。正如一些学者指出的，软件体系结构的设计应该贯穿整个软件生命周期，尤其是在初期阶段，提供一个清晰的框架有助于后续的开发与维护工作。

在系统体系结构设计中，构件是核心元素，其通常可以理解为完成特定任务的模块或组件。构件的外部可见属性，例如服务、性能、错误处理机制和资源共享等，直接影响到系统的整体质量。体系结构设计不仅关于组件的划分，更重要的是如何定义这些组件之间的交互和数据流。体系结构设计要求开发者在设计初期就对系统的模块化、分层和解耦进行深度思考，从而在后续的开发过程中确保系统具有较高的灵活性和可维护性。

软件体系结构的设计原则，如可理解性、可维护性和可扩展性，是评估其优劣的重要标准。可理解性要求体系结构易于被开发人员理解和掌握，降低学习成本；可维护性要求系统在后期能够便捷地进行修改和更新，确保系统能够适应变化的需求和环境；可扩展性确保系统在面对未来的扩展需求时，能够无缝地添加新功能或调整现有结构。这些设计原则为体系结构的评估和优化提供了明确的方向。

随着技术的不断进步，软件体系结构的设计方法和工具也在不断演化。目前，基于 UML 的设计方法已经成为软件体系结构设计中广泛采用的标准之一。通过迭代增量的开发模式，UML 可以帮助开发人员更好地定义和验证系统的各个构件及其关系，同时也有助于在设计初期就发现潜在的缺陷和问题。这种方法强调用例驱动的设计过程，使得体系结构设计与需求紧密结合，从而确保系统的功能需求能够得到有效满足。

尽管在实践中有诸多理论和方法可以指导软件体系结构的设计，但实际的设计过程仍然充满挑战。良好的软件体系结构设计不仅仅是理论框架的简单应用，它还要求设计者具备丰富的经验和对系统需求的深刻理解。在具体的设计过程中，开发人员需要综合考虑系统的复杂性、运行环境以及未来的发展需求，做出一系列复杂的技术决策。体系结构设计的优劣直接影响到软件系统的稳定性、性能和长期可维护性，因此，它不仅是软件开发中的一个技术任务，也是战略层面的决策过程。

（二）软件体系结构框架、模式和风格的概念

1. 软件体系结构框架

软件体系结构框架作为软件开发中的关键组成部分，旨在为特定领域的应用提供结构化的设计蓝图。随着应用领域的逐渐成熟和技术的不断进步，某些带有整体性特征的应用模式得以固定，形成了特定的框架。这些框架通过定义基本构成元素及其相互关系，为开发者提供了系统的组织和设计指导，有助于实现高效、稳定的应用开发。

从内容上看，软件体系结构框架专注于特定应用领域的需求，旨在提供一种通用的解决方案。这种框架不仅包含系统的结构设计，还关注如何通过已有的体系结构来解决实际问题。框架的核心价值在于它为开发者提供了一个高效的开发平台，使得开发者可以在此基础上专注于业务逻辑的实现，而不必从零开始构建系统的基本功能。因此，框架在某种程度上被视为一种体系结构模式，能够显著减少开发工作量，提高系统的可维护性和扩展性。

在组织形式上，软件体系结构框架通常被设计为待实例化的完整系统。它不仅定义了系统的基本元素，还确立了这些元素之间的关系，进一步指导开发者如何在此框架下进行具体功能的扩展和修改。框架通常包括基础模块，这些模块为系统提供核心功能，同时也定义了插件机制，允许开发者在框架的基础上添加新的功能或修改现有功能。这种模块化设计增强了系统的灵活性，使得开发者能够根据需求进行定制，而不必重新设计系统的整体结构。

框架的优势在于它能有效地将复杂的系统设计模块化，使得系统的维护和扩展变得更加便捷。在实际开发中，框架通过提供统一的接口和标准化的组件，降低了系统的复杂度，使得开发者能够专注于实现核心业务逻辑，而不必重复性地处理底层问题。这种架构方式不仅提高了开发效率，还能够减少代码的冗余，提高系统的可重用性。

2. 软件体系结构模式

体系结构模式为软件系统的整体结构提供了抽象的设计框架，其目的是确保系统的组织形式能够高效地解决特定领域中的常见问题。体系结构模式不仅描述了系统中各个子系统的功能和责任，还为这些子系统的交互提供了规则和指导，确保系统在实现功能的同时，能够具备良好的可扩展性、可维护性和可重用性。

体系结构模式的核心价值在于其对系统结构的高层次组织，它强调从整体上设计系统的框架，并通过定义模块化的子系统，推动系统的可管理性和高效性。通过应用成熟的体系结构模式，开发人员能够避免从零开始设计系统架构，从而节省时间并减少系统设计中的不确定性。体系结构模式通过预定义系统组件及其相互关

系，为系统提供了一个可扩展的基础框架，使得软件开发过程更加规范化和系统化。

此外，体系结构模式提供了一种标准化的思维方式和设计指导。它通过抽象化的方式，将复杂的系统问题分解为可管理的模块，使得开发者能够在明确的框架下开展工作。体系结构模式不仅帮助开发者理清系统的组件及其交互方式，还提供了管理复杂性的策略，确保系统能够高效地应对需求变化和技术进步。通过采用体系结构模式，软件系统的开发可以更好地适应不断变化的需求，并在实施过程中保持较高的灵活性和扩展能力。

3. 软件体系结构风格

软件体系结构风格作为一种抽象化的设计思维，为软件系统的构建提供了高效的组织框架。在软件开发过程中，体系结构风格不仅决定了系统的组织方式，还为系统的模块化、可维护性和扩展性提供了理论指导。风格作为一种带有倾向性的模式，其核心在于通过经验总结出一系列经过验证的解决方案，为解决特定问题提供系统化的方法。

体系结构风格的关键在于对系统结构元素的定义和组织，它通常包括构件、连接子、约束以及语义模型。构件是系统中承担功能的基本单元，例如数据库、计算模块等，它们共同协作以完成系统的整体任务。连接子则是用来连接这些构件的机制，保证系统中各个构件间能够有效地通信与协作。约束则是对构件组织和集成的规则，定义了如何将这些构件以一种合适的方式组合成一个完整的系统。语义模型为设计者提供了理解系统整体性质的工具，使其能够通过分析构件的性质来推导出系统的功能和行为。

体系结构风格不仅是一种设计工具，它还为软件复用提供了理论依据。通过体系结构风格，开发者能够识别和重用多个系统中共同存在的设计元素和结构。许多体系结构风格通过定义标准化的设计模式，使得相同的结构可以在不同的应用场景中重复使用，降低了开发成本并提高了开发效率。更重要的是，体系结构风格使得系统的设计更加规范化，有助于提升系统的可维护性和可扩展性。通过规范化的设计，新的开发人员可以更容易地理解并接手现有系统的工作，而不必重新学习系统的每个细节。

体系结构风格通过对系统的设计和组织提供抽象化的语言，使得开发者能够清晰地表达系统的功能和结构。例如，客户机/服务器风格就提供了一种标准的、广泛理解的设计框架，通过这种风格的描述，开发者无需深入到具体实现细节就能理解系统的基本组织形式。体系结构风格的这种抽象化能力，使得复杂系统的设计和沟通变得更加简洁、高效，同时降低了系统设计中不必要的复杂性。

随着软件开发技术的不断发展，体系结构风格的应用范围也在不断扩展。现代软件系统对高效、可维护和可扩展的设计要求日益增加，体系结构风格在此背景下发挥了越来越重要的作用。它不仅帮助开发者在复杂的设计任务中保持清晰的思路，也为系统的长期维护和演化提供了稳定的框架。体系结构风格的不断演进，推动了软件开发的规范化和标准化进程。

（三）软件体系结构的作用

软件体系结构的作用不仅局限于技术层面的设计与实现，更在于促进团队沟通、优化决策过程以及增强系统的可维护性与可扩展性。体系结构的影响深入到软件开发的方方面面，且其在促进软件开发效率、质量提升及后期管理中的作用不可忽视。

软件体系结构在促进项目各方的有效沟通方面具有重要意义。它作为系统的高层抽象，提供了一个统一的视角，使得项目相关人员能够共享共同的理解和愿景。在复杂的大型系统中，涉及的人员包括项目经理、开发人员、测试人员以及客户等各方，彼此之间的交流往往受到技术细节和背景知识差异的限制。体系结构通过定义清晰的系统组件及其相互关系，提供了一个共享的框架，便于各方基于相同的理解进行讨论与决策。

软件体系结构在突出早期设计决策的作用上具有不可替代的地位。软件开发是一个层层递进的过程，每一阶段的决策都将深远影响后续工作的开展。体系结构的设计往往决定了系统的整体架构、性能、可扩展性和可维护性等关键因素。因此，必须在项目初期就做出体系结构的设计决策，并且尽量做到高效、合理。良好的体系结构设计能够为后续开发工作提供明确的框架和指导，确保开发过程中所有构件的相互协作和系统的整体优化。相反，早期设计决策的失误可能会导致后续开发过程中的高昂成本和时间浪费，甚至可能对整个系统的成功带来不利影响。因此，体系结构的设计不仅是技术性的选择，更是战略性的决策。

软件体系结构在促进系统复用和提升效率方面也发挥着重要作用。体系结构设计不仅是一次性解决特定需求的过程，它为后续的系统复用提供了坚实的基础。通过定义明确的模块和接口，体系结构允许开发人员在面对类似需求时，能够直接复用现有的设计方案，而无需从头开始构建每一个模块或功能。与代码级复用相比，体系结构级复用的粒度更大，所带来的效益也更为显著。体系结构的复用不仅提升了开发效率，也确保了系统设计的一致性和质量。特别是在面对需求变化或系统扩展时，良好的体系结构设计能够为系统的迭代和升级提供便利，降低维护成本，并提升系统的可持续发展能力。

二、软件体系结构的设计模式

在软件体系结构的构建过程中，设计模式作为一种成熟的设计思想和复用机制，已成为提高软件系统质量与开发效率的重要手段。设计模式通过抽象、通用的结构模型，为反复出现的软件设计问题提供系统性的解决方案。它不仅提升了系统的模块化程度与可维护性，而且促进了设计经验的标准化表达与传播，是现代软件工程理论与实践深度融合的重要成果。

设计模式的核心价值在于其提供的结构性解决方案能够被广泛复用于不同的软件系统中，同时又保持了足够的灵活性，以适应具体应用场景的差异性。在实际应用中，每一个设计模式均以其规范化的构成要素表现出高度的抽象性与适应性。这些要素主要包括模式名称、问题描述、解决方案及效果评价。其中，模式名称不仅是交流和识别的标识符，更承载着该模式核心思想的高度浓缩，有助于在高层设计交流中实现概念的一致性。

问题描述部分界定了设计模式适用的具体语境与前提条件，阐明了在系统架构中何种情境适合应用该模式。它不仅明确了所要解决的设计挑战，还通过对系统复杂性、演化需求、交互关系等方面的分析，突出了设计问题的本质属性。这种问题导向的模式定义方式，使设计者能够更准确地识别模式的适用边界，从而提升架构决策的针对性与有效性。

解决方案是设计模式的核心构成部分，它以抽象的形式描述了参与组成元素（如类或对象）的结构、行为和职责划分，以及它们之间的协作关系。与具体实现方案不同，模式所描述的是一种具有通用意义的结构模板，强调元素之间的组合方式和互动机制，而非某种特定技术或语法的实现细节。这种抽象性的解决路径使得模式具备高度的迁移性和可演化性，能够在不同行业领域和技术框架中灵活应用。

效果评价部分全面分析了应用该模式所带来的结构性影响，包括性能、可扩展性、耦合度、可测试性等方面的变化，同时指出在模式应用过程中可能需要权衡的设计因素。通过对正负效应的系统阐述，有助于设计者在架构选择中实现理性权衡，避免因盲目使用而引发新的设计问题。特别是在多种设计模式可能并存的复杂系统中，效果评估对于模式选择与组合具有重要的参考意义。

常用的设计模式如下。

1. 外观

在软件体系结构的设计模式中，外观模式作为一种结构型模式，旨在简化复杂系统的使用接口，提高系统的可理解性与可维护性。该模式通过为子系统中的多个接口提供一个统一的高层接口，有效地屏蔽了子系统内部的复杂逻辑，使得外部调用者能够以更为简洁和清晰的方式与系统交互。其本质在于通过抽象化的方式管理系统内部的复杂性，实现模块化和解耦的设计目标，符合现代软件工程中强调高内聚、低耦合的基本原则。

外观模式的引入通常是在系统已经按照功能模块被划分为若干子系统之后进行的。尽管这种模块化有助于降低整体系统的复杂性，但各子系统间频繁的交互和相互依赖仍可能导致系统结构臃肿、不易维护。外观对象的设置，正是为了解决这一问题。通过建立一个面向外部的统一接口，外观对象屏蔽了子系统内部的实现细节，使外部组件只需关注统一的接口定义，从而有效减少了子系统之间的直接依赖关系。

在职责划分方面，外观对象在整个模式中扮演着桥梁和协调者的双重角色。一方面，它必须清楚地了解子系统中各个类的职责划分和功能边界，能够精准地将外部输入的信息路由到适当的子系统模块；另一方面，它还需负责接口的转换和数据的整合，以满足外部调用方的交互需求。同时，子系统类各自独立实现具体功能，仅在接收到外观对象的调用指令时才参与协作。这种职责划分的清晰性增强了系统的可扩展性与可测试性，使各组件可以在相对独立的状态下进行演化。

在运行时的协作机制中，外观模式通过封装对多个子系统对象的调用逻辑，将复杂的交互过程隐藏在一个统一的接口之后。客户对象不再需要直接持有或操作多个子系统的实例，只需通过外观对象进行操作。这不仅简化了调用过程，而且为子系统的演进和重构提供了灵活的空间。即使子系统内部发生较大改动，只要外观对象的接口保持不变，外部模块即可不受影响地继续运行，从而实现系统演化过程中的稳定性控制。

从架构层面看，外观模式体现了良好的封装与抽象机制。在复杂系统中合理运用该模式，能够有效提升系统的模块化水平，促进职责的明确划分与系统层次的合理构建。同时，该模式也为系统性能优化提供了空间：外观对象可以在其中实现缓存、预处理、权限校验等辅助功能，从而提升整体运行效率。

2. 适配器

在软件体系结构的构建过程中，适配器设计模式作为一种重要的结构型设计模式，广泛应用于不同接口之间的兼容与集成问题的解决之中。该模式在不改变原有系统组件内部结构的前提下，实现接口间的有效对接，从而提升系统的灵活性、可扩展性与复用性，为异构系统之间的协同运行提供了重要的架构支撑。其在复杂系统集成、组件复用以及面向接口设计的实践中，展现出强大的工程适应能力与架构协调价值。

适配器模式的基本思想是通过引入中间层——适配器——使得一个接口能够转换为另一种预期接口，从而实现接口之间的兼容。这种转换机制不仅避免了对已有类结构的直接修改，也为系统提供了结构层次上的抽象屏障，确保各模块之间在接口演化或技术更替过程中仍能维持稳定的通信机制。尤其在多源组件集成或已有系统重构过程中，适配器模式通过最小的改动实现最大的系统协同效益，有效保障了系统的稳定性与可维护性。

在参与者职责划分方面，适配器模式具有清晰的角色分工。目标接口定义了客户所依赖的标准接口，是客户期望的交互方式；被匹配者是已有的接口实现，其接口形式不符合客户期望。适配器充当桥梁，负责将被匹配者的功能映射到目标接口之上，实现接口转换；客户通过目标接口与系统交互，完全无需感知适配器内部的实现细节。这种清晰的职责划分不仅降低了系统的耦合度，也提高了模块间协作的稳定性与透明性。

在协作机制方面，客户通过调用适配器对象来完成业务需求，而适配器则通过调用被匹配者的具体功能来完成实际操作。适配器在此过程中不仅完成接口形式的转换，也承担了部分语义上的映射与封装工作，从而保证了操作流程的语义一致性。这种间接协作方式极大地增强了系统面对异构资源的集成能力，并为未来的系统演进与模块替换提供了充足的空间。

3. 职责链

在现代软件体系结构设计中，职责链模式作为一种行为型设计模式，发挥着优化请求处理流程、实现模块解耦的关键作用。该模式通过构建一个由多个处理者对象组成的隐式责任链，使请求沿链式结构逐级传递，直到某一节点具备处理能力为止，从而实现请求发送者与接收者之间的解耦与协同。这种机制有效避免了请求源对处理逻辑的直接依赖，增强了系统在职责分离、模块独立与结构灵活性方面的表现，为复杂系统的可维护性和可扩展性提供了坚实基础。

职责链模式的核心思想在于将请求的处理职责沿链式结构动态分配，而非在发送者与接收者之间建立静态联系。这种结构设计允许系统根据运行时环境变化动态选择处理者对象，从而实现行为的灵活调度。尤其在需求不确定、处理逻辑复杂或存在多级判断的场景中，职责链通过结构上的线性传递与逻辑上的逐级筛选，展现出高效的组织能力与处理效率。其设计符合面向对象原则中"最小知道原则"和"开放-封闭原则"的核心思想，有助于降低系统耦合度，提升代码的复用性与清晰度。

在协作机制方面，客户只需将请求提交至链的起点，无需预设或感知请求的最终处理对象。请求在链中自上而下传递，每一个处理者依据内部逻辑决定是否处理该请求或将其转交下一节点。整个流程体现了一种典型的"延迟绑定"特性，使系统在结构扩展或行为调整过程中具备极强的适应性。新的处理者对象可通过简单配置加入链中，既不影响已有模块，也无需重构原有逻辑，从而实现系统的动态演化与灵活扩展。

职责链模式不仅优化了请求处理机制，还在结构设计层面展现出高度的模块自治性与逻辑灵活性。各处理节点作为独立功能单元，可独立维护、独立部署，并具备可插拔特性，使得系统整体具备高度的容错能力与拓展潜力。此外，该模式在提高系统的结构清晰度、提升业务流程可控性方面也具有显著优势，有助于实现复杂系统中职责划分的明确与逻辑路径的可追溯。

4. 抽象工厂

在面向对象的软件体系结构设计中，抽象工厂模式作为一种创建型设计模式，通过提供一套统一的接口，实现了对一族相互关联或相互依赖对象的创建过程的抽象化封装，从而有效地降低了系统中各组成模块之间的耦合程度，增强了系统的灵活性与可扩展性。该模式的根本目标是屏蔽具体类的实现细节，使客户端程序在不依赖具体产品类的前提下，能够通过抽象接口获得所需的产品对象，从而保障系统的独立性与稳定性。

抽象工厂模式包括五类主要参与者：抽象工厂类定义了所有产品对象的创建接口，确保了产品族的一致性和创建过程的统一性；具体工厂类实现这些接口，负责生成实际的产品实例，其内部隐含了对特定产品族的选择与组装逻辑；抽象产品类定义了产品对象的接口规范，确保客户端能够在不依赖具体实现的情况下使用产品；具体产品类提供了对抽象产品接口的具体实现，体现出特定产品族的功能与风格；客户端通过抽象工厂与抽象产品的接口进行交互，完全脱离了对具体类的直接依赖。

抽象工厂模式的设计思路源于对软件中"产品族"概念的统一抽象与模块化封装。在实际开发中，不同产品之间可能存在内在的组合依赖或外观一致性要求。为了避免在客户端代码中硬编码具体产品类而造成的系统依赖与可维护性障碍，抽象工厂模式通过引入统一的抽象工厂接口，定义一系列用于创建不同类型产品对象的方法，使得客户端仅需依赖抽象类型即可完成对象的创建与使用。通过这一机制，系统可以在运行时灵活替换具体工厂，从而实现对产品族整体样式或行为的一致性控制与切换。

在运行时的协作过程中，客户端实例化某一具体工厂对象并通过其统一的创建方法获得各类产品实例，而所有产品均属于同一标准或风格，确保了系统整体界面风格、行为逻辑或数据结构之间的一致性。这种协作机制不仅规避了客户端对产品创建细节的干涉，还使得系统在更换产品族时仅需替换具体工厂对象即可完成全部组件的替换，无需修改客户端逻辑，从而有效提高了系统的可重用性与可维护性。

抽象工厂模式在软件工程实践中具有广泛的适用性，尤其适用于产品族较多、标准切换频繁或需要维护风格一致性的大型系统开发场景。该模式不仅提升了系统架构的灵活性，还通过将对象创建责任集中管理，确保了对象间结构关系的正确性与合理性。同时，其对“开放-封闭原则”和“依赖倒置原则”的良好体现，也为构建高内聚、低耦合的模块化体系提供了理论与实践的支撑。

5. 中介者

在现代软件体系结构的设计过程中，中介者模式作为一种行为型设计模式，承担着协调多个对象间交互的重要职责。该模式通过引入一个中介对象来封装系统中各组件之间的通信逻辑，从而有效地消除了组件间的直接依赖，显著降低了对象之间的耦合度，提升了系统的灵活性与可维护性。中介者模式的核心价值在于将对象间复杂而多变的交互关系转移至中介者内部，使得系统结构更加清晰，职责划分更加明确。

在传统的对象交互机制中，各个组件往往直接引用彼此，从而形成网状依赖结构。这种结构虽然在规模较小时尚可接受，但在系统复杂度提升时，极易引发连锁式变更、逻辑冗余及行为难以控制等问题。中介者模式通过建立一个独立的中介者组件，将原有对象之间的交互行为转由中介者统一协调处理，既实现了通信行为的集中管理，也为后续的功能拓展与维护提供了结构性支撑。

中介者模式包含三类关键角色：中介者、具体中介者以及同事类。其中，中介者定义了各同事对象之间通信的抽象接口，确保通信机制的统一性和一致性；具体中介者实现了该接口，承担起协调多个具体同事对象行为的职责，并维护这些对象的引用及其交互逻辑；同事类仅与中介者进行通信，其内部不包含其他同事对象的直接引用。通过这一组织结构，同事对象之间的信息交换完全依赖中介者进行转发与调度，彼此之间不发生直接耦合。

在具体的运行机制中，同事对象在需要交互时会将请求发送至中介者，由中介者根据当前系统状态或业务逻辑判断相应的响应策略，并将信息传达给相关的一个或多个同事对象以触发后续行为。通过中介者统一掌控交互路径与响应逻辑，系统在保持功能完整性的同时，显著减少了行为扩散和维护复杂度。此外，因交互行为集中于中介者之中，系统设计者可在不中断各同事类实现的前提下，对交互逻辑进行优化、扩展或重构，进而实现对业务规则的集中控制。

从软件工程角度来看，中介者模式很好地践行了“最少知识原则”与“单一职责原则”。各个同事类专注于自身功能的实现，不必承担跨组件通信的复杂逻辑，从而提升了其内聚性；而通信逻辑则集中于中介者之中，便于统一管理与优化。该模式不仅提升了系统的可扩展性与模块独立性，也为应对未来需求变更提供了良好的结构保障。

6. 观察者

在现代软件体系结构的设计模式中，观察者模式作为一种典型的行为型模式，在构建系统中各组件之间的动态依赖关系方面发挥着关键作用。其核心思想在于定义一种一对多的对象依赖机制，使得当某一对象的状态发生变化时，所有依赖于该对象的其他对象能够自动接收通知并完成相应的状态更新。这种机制不仅有效实现了数据变化驱动的联动响应，也显著增强了系统的模块解耦能力与动态扩展能力。

观察者模式所体现的是“发布-订阅”模型的结构思想，即由一个作为主题的核心对象负责状态的管理与变化通知，而多个作为观察者的对象通过注册的方式订阅该主题的状态变更事件。当主题发生状态变动时，系统会自动向所有已注册的观察者对象发出通知，各观察者据此进行查询并更新其内部状态，以保持与主题状态的一致性。这种机制实现了对象之间的松耦合关系，主题对象无需了解其观察者的具体类型与实现逻辑，极大地提高了系统的灵活性和可重用性。

观察者模式主要由四类角色构成，即主题、观察者、具体主题以及具体观察者。其中，主题负责管理观察者对象的注册与注销操作，并提供状态变更通知的功能接口；观察者定义了在接收到通知后如何更新自身的标准化接口，确保响应行为的一致性；具体主题在主题的基础上实现了对状态数据的管理逻辑，并在状态变更时主动触发通知机制；具体观察者维持对具体主题的引用，并根据获取到的状态信息对自身进行同步更新。通过这一结构体系，系统实现了基于事件驱动的响应链路，形成稳定、高效的信息传递机制。

观察者模式在实际应用中具有广泛适应性，尤其适用于构建状态敏感型、动态联动型的软件系统。其主要优势体现在三个方面：①增强了系统的可扩展性，允许任意数量的观察者对象灵活地订阅或退订主题，无需修改主题本身；②提高了系统的可维护性，通过观察者与主题间的接口约束，实现了功能职责的清晰划分；③支持运行时的动态依赖构建，适应系统运行过程中复杂多变的状态响应需求。

从软件工程的角度出发，观察者模式顺应了“开放-封闭原则”与“依赖倒置原则”等面向对象设计原则的实践要求。在保证主题对象封闭、稳定的前提下，可以通过新增观察者对象来拓展系统的响应逻辑，避免对原有代码的直接修改。同时，观察者对象对主题的依赖也仅限于接口层面，从而强化了系统的灵活性与模块独立性。

第三节 面向对象分析与设计步骤

一、面向对象分析的模型

面向对象分析的模型是面向对象软件开发方法论中的核心组成部分，具有高度抽象性与系统性，其目的是构建一个反映问题域本质特征的模型体系，从而为后续的软件设计与实现提供坚实的基础。在面向对象分析的过程中，通过对需求的系统化抽象，可以有效识别问题域中的主要概念、实体及其关系，并以多视角的模型形式对其进行形式化表达。这一过程不仅增强了系统分析的规范性与表达力，也有助于提高系统在建模初期阶段的可控性与一致性。

面向对象分析模型通常由功能模型、对象模型与动态模型三部分构成，各自承担不同的分析任务，形成有机统一的模型框架。

① 功能模型。功能模型以用例和场景为基本构件，主要从用户视角出发，描述系统应提供的功能行为，是需求分析的切入点。通过功能模型，可以明确系统的边界，理清各类用户与系统之间的交互关系，从而构建出覆盖性强、可追踪性好的功能结构。该模型不仅是系统分析的起点，也是系统测试和验收的重要依据。

② 对象模型。对象的描述是面向对象分析的核心内容，在严格区分类和对象的基础上，说明了包括类模型的建立、对象的层次位置、相互关系、数据成员、方法的描述方法。利用这种方法可以完整而合理地描述问题域中的对象并且得到正确有效的分析结果❶。对象模型是面向对象分析中最为核心的模型形式。其基本要素是类、对象、属性以及对象间的关联、继承与聚合等结构关系，强调对现实世界的结构性抽象。对象模型的构建要求深入理解问题域的本质逻辑，识别出具有代表性的抽象实体，并将它们组织为稳定、可扩展的类结构体系。通过对象模型的建立，能够有效刻画系统的静态组织形态，揭示出问题域中各组成部分的语义依赖与结构联动关系，为系统设计提供明确的蓝图和构建模板。

③ 动态模型。动态模型用于描述系统中各对象之间在时间维度上的交互过程和状态演化。其常用表达形式包括状态图、顺序图等，强调对象行为的时序性、协作性与触发机制。动态模型对于刻画系统的行为逻辑具有不可替代的重要作用，尤其在界面控制、事务处理、实时响应等情境下，可以清晰展现系统行为的变化路径及事件驱动机制，为复杂系统的行为分析提供有效支撑。

面向对象分析模型的构建通过多视角协同建模的方式，在迭代过程中逐步完善和校正。功能模型提供了系统行为的整体框架，对象模型刻画了系统结构的静态蓝图，动态模型反映了系统在运行中的行为模式。三者相辅相成，共同支撑起一个完整的问题域建模体系。在建模实践中，分析员往往采用交替建模的方法，根据需求

❶ 张海波．面向对象分析中的对象描述［J］. 河北建筑科技学院学报，2002(4)：41.

变化与理解深化，不断调整模型内容与结构，从而保证模型的表达能力与适应性。

在方法论层面，面向对象分析模型具有高度的灵活性和适应性。不同建模方法对于模型构建的起点与路径存在差异，但其核心思想均围绕着“以对象为中心”的分析策略展开。无论是以功能驱动的方式展开建模，还是以数据结构驱动的方式进行对象识别，其最终目标都是通过形式化的建模手段，构建一个贴合实际、可演化、可维护的系统模型。在 UML 建模环境下，各类建模工具为模型的可视化、规范化表达提供了技术支持，使得面向对象分析模型在工程实践中具有良好的可操作性与复用价值。

面向对象分析模型的形成过程是一个持续交互与知识集成的过程。由于用户需求通常具有不确定性和非形式化特征，系统分析人员必须通过多轮访谈、验证与评审，与用户和领域专家形成紧密合作，从中提取具有建模价值的信息。同时，分析人员自身对问题域知识的掌握程度亦对模型质量具有决定性影响。只有在深入理解问题背景的基础上，才能建立准确、清晰、完整的模型体系，从而有效支持后续的系统设计、编码与测试等阶段。

二、面向对象的设计步骤

面向对象设计的主要任务是在面向对象分析的基础上完成体系结构设计、接口设计（或人机交互设计）、数据设计、类设计及构件设计。由于在类中封装了属性和方法，因此在类设计中已经包含了传统方法中的过程设计。

（一）面向对象的设计过程与准则

1. 面向对象的设计过程

面向对象的设计过程在于通过抽象、封装、继承与多态等基本原则，构建高内聚、低耦合、可重用、可维护的软件系统。在该过程中，设计者需在严格分析系统环境的基础上，逐步构建体系结构、划分子系统，并细化对象模型，以实现系统功能与质量属性的统一。该过程强调系统性、规范性与演化性，具备高度的理论价值与实践指导意义。

面向对象的设计始于系统环境模型的构建。该阶段强调对软件所处环境的系统性认知，尤其是外部实体与软件之间交互关系的识别与建模。通过构建系统环境图，可以清晰地描述信息流的走向、用户界面的交互方式以及与外部系统、设备之间的数据传递逻辑。

在明确环境关系之后，设计工作进入系统体系结构的设计阶段。体系结构设计是将系统功能逻辑转化为模块化结构的关键步骤，其设计路径可依赖自顶向下或自底向上的策略。自顶向下的设计更适用于有明确需求与参考模式的情境，能有效引导子系统的划分与交互模式的制定；自底向上的方式则适用于需求不确定或依赖现有模块重构的场景，更注重组件间的组合与接口的适配性。无论采取何种设计策略，最终目的都是实现系统的结构稳定性、功能一致性及演化扩展性。

在体系结构确立之后，设计任务将深入到各个子系统的构建。基于面向对象的设计原则，系统常被划分为若干典型子系统，包括问题域子系统、人机交互子系统、任务管理子系统以及数据管理子系统等。此阶段的设计任务在于根据体系结构的指导，明确各子系统的职责边界与内部构件，实现模块间的职责分离与协作机制的清晰化，从而保障系统整体的一致性与可维护性。

对系统中各个对象的设计与优化构成面向对象设计的深化过程。对象设计的核心是构建具有清晰职责和协作关系的对象模型，确保对象的属性与行为相一致，并与系统功能实现逻辑紧密对应。在该过程中，设计者需结合领域模型，通过设计模式指导对象构建，借助接口规格说明明确通信契约，并不断通过重构与优化活动提高模型的灵活性与可演化性。对象模型的优化不仅关注性能与资源的利用效率，还强调逻辑结构的清晰性与未来扩展的便利性，从而为软件系统的可持续发展奠定坚实基础。

2. 面向对象的设计准则

面向对象的设计准则通过一系列的设计原则和规范，推动了软件开发过程中模块的有效组织、结构的优化与系统的可扩展实现。在实际应用中，面向对象的设计准则有助于提高系统的复用性、可维护性和灵活性，确保软件能够应对复杂需求的变化并在多个应用场景中高效运行。面向对象设计中的重要设计准则如下。

① 模块化。面向对象方法中的模块通常是类、对象、接口以及构件等。在面向过程方法中，数据与处理过程是分离的，数据作为独立实体存在，而过程则通过对数据进行操作来实现功能。相比之下，面向对象的方法将数据与其处理过程封装在一起，形成类这一基础模块。类将数据及其行为紧密结合，这种封装性不仅增强了数据的独立性和完整性，也提高了模块的复用性和系统的可扩展性。

② 抽象。抽象是面向对象设计的核心原则之一，它支持过程和数据的双重抽象。在面向对象的设计中，类本身就是一种抽象数据类型，通过类可以对现实世界中的对象进行抽象建模，进而在软件系统中实现复杂的业务逻辑。抽象的第一种形式是规格说明抽象，即通过定义类的公共接口来规定外部可以访问的服务，而这些服务的具体实现细节则被隐藏。用户只需通过接口与类交互，无需了解具体的实现过程，从而降低了系统的复杂度。另一种抽象形式是参数化抽象，它允许在描述类的接口时，将数据类型作为参数进行泛化。

③ 信息隐藏。通过封装性，信息隐藏确保了类内部的属性和方法对外部是不可见的，外部用户只能通过公共接口与类进行交互。信息隐藏不仅有助于减少系统的复杂性，还提高了软件系统的安全性和可靠性。通过隐藏内部实现细节，设计者可以在不影响系统外部接口的情况下，修改和优化类的实现方式。

④ 弱耦合。耦合度描述了系统中各个模块之间的相互依赖关系，低耦合度设计能够有效减少不同模块之间的影响，提高系统的灵活性与可维护性。在面向对象的设计中，弱耦合通常体现在对象之间的相互依赖关系上。理想的设计应使得系统中某一部分的变化尽可能不影响其他部分，从而使得软件系统更加灵活、易于扩展和修改。在弱耦合的设计中，各个模块通过定义良好的接口与协作协议进行交互，确保系统的稳定性与灵活性。

⑤ 强内聚。与弱耦合相对的是强内聚，内聚度反映了一个模块内部元素之间的紧密程度。在面向对象的设计中，强内聚是指一个类的属性和方法应紧密关联，并专注于执行单一的职责。强内聚的类不仅具有清晰的功能和目标，而且其内部成员应该协同工作，确保类的功能得到高效实现。服务内聚、类内聚和一般-特殊内聚是强内聚的三个重要方面。服务内聚要求每个服务只完成一个功能；类内聚要求类内部的属性和方法应该专注于实现该类的目标，而不是多重任务；一般-特殊内聚要求在设计类时，应从领域知识出发，提炼出普遍适用的结构和特性。这些内聚的要求有助于提升软件系统的可维护性和可扩展性，确保系统的高效运行。

⑥ 可重用性。可重用性是面向对象设计的最终目标之一。软件重用能够显著提高开发效率，减少开发成本，并提高系统的稳定性。在面向对象的设计过程中，类库的构建和现有类的重用是提高开发效率的关键。设计者在创建类时应考虑其未来的可重用性，确保类的接口与功能设计具有普适性和灵活性。通过模块化设计、封装、抽象和继承等机制，面向对象的方法极大地促进了软件的重用性。

（二）体系结构模块及依赖性

体系结构设计是计算机系统开发中的关键环节，它为系统提供了必要的数据结构和程序构件的组织方式。在这一过程中，模块的分层和模块之间依赖关系的管理是确保系统高效、易维护和可扩展的基础。良好的体系结构设计不仅能够降低系统的复杂性，还能够有效地控制系统中的依赖性，避免出现难以理解和维护的问题。

模块的分层是体系结构设计中的基本原则之一。分层的关键在于确保系统的不同功能模块间通过明确的接口进行交互，并且避免非相邻层之间的直接交互。通过这种方式，系统的各个模块可以相对独立地开发和维护，而无需担心相互之间过于紧密的耦合关系。分层设计的实施使得系统的各个部分更加清晰，模块间的依赖关系更加易于理解和管理。通过限制模块间的依赖范围，降低了系统复杂性，提高了代码的可读性和可维护性。

编程标准的执行在体系结构设计中起着至关重要的作用。体系结构设计不仅要求在编译阶段明确模块之间的依赖性，还要求开发者遵循一致的编程标准，以确保模块间的依赖关系清晰明确。良好的编程标准可以有效地防止使用混乱的程序结构，这些结构通常会导致系统的可维护性降低。

在面向对象的软件开发中，体系结构设计采取主动方法来管理软件中的依赖性。这种方法的核心在于从设计阶段就明确模块之间的分层结构和依赖关系，避免在后续实现过程中出现依赖性混乱的问题。通过这种正向工程的方法，设计人员可以在体系结构初期对系统进行合理的模块划分，确定各个模块之间的交互方式，从而最小化模块间的依赖性。

被动方法是在已实现的系统中进行依赖性管理的方法。此方法通常在系统开发完成后对现有的软件依赖性进行测量和管理，找出可能的依赖性问题并进行解决。被动方法是逆向工程的一部分，旨在通过分析已实现的软件来评估和改进其体系结构。然而，采用被动方法可能会面临较大的挑战，特别是当开发者没有遵循既定的设计方案时，依赖性问题的定位和修复会变得复杂且耗时。

1. 接口及其依赖性

接口及其依赖性在面向对象设计和编程中的重要性日益突出，特别是在UML2.0中，接口的定义与应用已经得到进一步的扩展与深化。接口不仅是传统意义上定义方法签名的抽象结构，它更是系统架构中模块化、松耦合设计的核心要素之一。理解接口及其依赖性对于提升系统的可维护性、可扩展性和复用性具有重要意义。

在UML2.0中，接口被定义为一种不可直接实例化的特性集合。通过接口，开发者能够规定类的行为规范，强制要求实现该接口的类提供接口中声明的方法。接口与抽象类存在一定的相似性，都要求类必须实现某些未定义的操作。然而，接口与抽象类的根本区别在于：接口不允许包含实现代码，而抽象类则可以包含部分实现。此外，接口支持多继承，这使得在仅支持单继承的语言中，接口为类提供了多种功能的整合方式，从而避免了传统单继承带来的限制。

接口的设计允许在接口内声明操作和属性，从而为接口之间以及接口与类之间的交互提供了更加丰富的机制。通过接口的组合，可以在系统设计中实现灵活的模块化结构，使得不同模块之间的依赖关系更加清晰。在UML2.0中，接口和类之间的关系不仅是通过方法实现的依赖，接口之间的属性引用也可以构成一种新的依赖关系。通过这种方式，接口能够作为架构中的一个重要桥梁，促进系统各个模块之间的松耦合和高内聚。

在实际的编程语言中，接口的实现常常受限于语言的特性。例如，在Java中，接口内的属性只能是常量，这限制了接口在属性声明上的灵活性。但这并不妨碍接口在实现类与类之间提供有效的依赖性管理。尽管如此，UML2.0的扩展允许在更高层次上通过接口和类之间的关联，提供更加动态的导航功能。这种灵活性有助于增强系统的可扩展性，尤其是在多接口组合的情况下，可以有效避免系统中出现过于复杂的继承结构。

接口的依赖性分为实现依赖性和使用依赖性。在UML2.0中，实现依赖性指的是一个类对其实现的接口的依赖。一个类可以实现多个接口，这些接口构成了类的供给接口。在这种关系下，类与接口之间存在着明确的依赖关系，类的功能通过接口的声明得到扩展。这种设计使得类的职责更加明确，且能够通过接口的组合实现更复杂的功能扩展。使用依赖性描述了接口与其他类或接口之间的服务需求。一个接口可能需要其他接口提供的服务，这种服务需求通过依赖关系加以表达。使用依赖性强调了接口在面向对象系统中的互助关系，它反映了不同模块或组件之间的服务交互。成功地实现使用依赖性可以降低代码中的耦合度，使得系统更具灵活性和可维护性。

通过接口的使用，系统能够实现更加松耦合的设计。在面向接口编程的思想指导下，客户对象不需要了解实现细节，只需依赖接口所定义的行为规范即可。这种设计模式大大降低了系统各个模块之间的依赖关系，增强了系统的可复用性和可维护性。在实际的开发过程中，面向接口编程不仅提升了代码的质量，也使得系统能够更好地适应未来的扩展需求。

2. 构件及其依赖性

在软件工程领域，构件作为一个核心概念，自软件工程理念提出以来便肩负着提高软件开发效率、降低开发成本的重任。随着软件工程技术的不断进步，构件化开发逐渐成为应对软件危机和推动软件产业化的关键路径。构件的概念，尤其是作为复用单元的构件，在现代软件开发中具有不可替代的地位。在构件化的过程中，如何处理构件之间的依赖性，成为确保系统稳定性、可扩展性和可维护性的关键问题。

构件的定义在不同的开发环境下会有所不同。在传统的软件工程环境中，构件被视为程序中的功能要素，通常表现为具备特定功能的模块。这些模块不仅包含处理逻辑和内部数据结构，还通过接口与外部环境进行交互，保障数据的传递和功能的实现。在这种环境下，构件主要承担控制构件、问题域构件和基础设施构件等角色，是软件体系结构中的基本单元。

构件之间的依赖性是构件化开发中的一个关键问题。为了确保构件能够在不同的环境中进行有效的组装与部署，构件之间必须通过明确的接口进行交互。依赖关系的管理和协调决定了系统的灵活性和扩展性。如果构件的依赖关系设计不当，可能导致系统耦合度过高，难以应对未来需求的变化。因此，如何管理构件之间的依赖关系，尤其是在多构件组合的情况下，成为软件架构设计中不可忽视的因素。

构件依赖性的一种常见表现形式是服务依赖，即一个构件需要其他构件提供的服务才能完成其功能。在这种情况下，构件必须明确其所依赖的构件及其提供的服务，确保依赖关系清晰并且具有良好的可维护性。在构件化开发中，这种依赖关系往往通过接口进行明确的规范。每个构件只通过其公开的接口与外部环境进行交互，这不仅使得构件内部的实现可以保持封闭性，还能有效减少构件之间的紧密耦合，从而增强系统的可扩展性和灵活性。

除了服务依赖，构件之间的依赖性还包括数据依赖和资源依赖等方面。在复杂系统中，构件可能需要共享某些数据或资源，这就要求构件具备高内聚性，并能够清晰地管理其内部状态与外部状态的交互。这种数据和资源的共享必须通过严格定义的接口和协议进行控制，确保构件之间的交互不会导致系统的不稳定或不可预测的行为。

为了支持构件的高效复用和灵活组装，构件设计必须遵循一些基本原则。首先，构件应具备独立部署性，这要求构件能够在不同的环境中独立运行，而不依赖于外部系统的特定实现；其次，构件应具备良好的内聚性和低耦合性，确保其在提供服务时不暴露过多的内部实现细节；最后，构件应能够清晰描述其依赖条件和所提供的服务，确保在组装过程中，各个构件能够顺利对接并协同工作。

构件化设计的另一重要特性是无状态性。这要求构件在设计时不能存在任何外部可见的状态，避免因为状态不一致而导致的功能异常。每个构件的实例应当是完全相同的，其行为也应当保持一致。这种无状态性设计，不仅有助于构件的稳定性，还能使构件能够在不同的上下文中进行复用而不产生冲突。

在当前的软件开发环境中，构件通常表现为大粒度的独立单元。例如，数据库服务器、Web 服务器等，它们往往被视为一个单独的构件，通常有一个唯一的实例，而并非多个拷贝。这种设计使得系统中的构件能够高效协作，共同完成系统的复杂功能。同时，这种大粒度的构件也对系统的可扩展性和可维护性提出了更高的要求，需要更精细的依赖性管理和接口设计。

3. 类及其依赖性

在面向对象编程中，类的概念是程序设计的核心，它不仅是软件构建的基本单元之一，也是定义程序功能和结构的关键元素。类的设计和实现具有重要的依赖性，不同类之间的相互关系直接影响着程序的可维护性、可扩展性和复用性。类的依赖性既包括继承关系中的父子类依赖，也涵盖了通过方法调用、消息传递等方式产生的交互依赖。这些依赖性管理的复杂性和挑战性是现代面向对象设计的重要研究领域之一。

类的定义本身决定了对象的属性和行为。类的设计不仅是对实体的抽象，它还通过属性、方法及其接口暴露出对象的行为特征。一个类的属性定义了其状态，方法定义了对象如何与外部环境交互及其内部操作的逻辑。类的依赖性管理正是在这种状态与行为的交互过程中展开的。每个类通常依赖于其他类的功能，以实现更复杂的功能模块。

类的依赖性可以分为多种类型，其中最显著的两类依赖性是继承依赖性和交互依赖性。继承依赖性来源于类与类之间的父子关系，它决定了子类如何继承父类的属性和方法，以及如何扩展或覆盖这些方法来实现特定功能。继承机制在面向对象编程中被广泛应用，但它同时也带来了复杂的依赖性问题。特别是在多层继承结构中，父类和子类之间的依赖关系往往难以预见和控制，可能导致代码的耦合度过高，进而影响系统的可维护性。

继承依赖性中的多态性是面向对象程序设计的一项重要特性，它允许子类对象在运行时动态地替代父类对象，从而实现方法的不同实现。这种依赖关系赋予了系统更高的灵活性和扩展性，因为子类可以根据不同的需求覆盖或增强父类的功能，产生不同的行为。然而，尽管多态性带来了程序的灵活性，但它也可能增加依赖关系的复杂性，尤其是在运行时确定方法调用的情况下。特别是在大型系统中，方法的动态绑定可能导致调试和维护的困难，因此，合理设计继承体系、明确父类与子类之间的依赖关系至关重要。

类与类之间的交互依赖性也不可忽视。交互依赖性是指类通过方法调用或消息传递形成的相互依赖关系，这种依赖性通常体现在方法的调用链和数据的流转过程中。类之间的交互依赖性往往比继承关系更加灵活和动态，尤其是在复杂系统中，类之间的消息连接可能是动态的，并且这种依赖关系的产生往往难以在编译时通过静态分析确定。随着系统规模的增大，方法调用和消息传递之间的依赖关系可能变得错综复杂，导致系统的耦合度增加，从而影响软件的扩展性和可维护性。因此，如何有效管理类间的交互依赖性，减少不必要的依赖关系，是面向对象设计中的一个重要问题。

为了减少类之间的依赖性带来的潜在问题，现代软件工程提出了许多设计原则和方法，例如低耦合高内聚、接口隔离原则、依赖倒置原则等。这些设计原则的核心思想是尽量减少类之间的直接依赖，尤其是在功能模块之间，通过明确的接口和抽象层次隔离不同模块的实现细节，从而降低系统中类之间的耦合度。通过引入设计模式，如工厂模式、观察者模式、策略模式等，可以进一步优化类之间的依赖关系，提升系统的灵活性和可维护性。

4. 包及其依赖性

在面向对象编程中，随着系统规模的扩大，涉及的类数量往往会急剧增加。为了有效管理这些类及其之间的关系，包作为一种组织结构，起到了重要的作用。包的概念起源于 UML，它定义为一组命名的建模元素集合，旨在将功能上相关的类组织在一起，从而提高系统的模块化程度。包作为一种逻辑设计的单元，通过将相关类分组，可以使系统的结构更加清晰和有序，为后续的实现提供有力支持。

包在程序设计中的作用不仅是组织类的结构，它还通过封装和命名空间的管理，提供了一种有效的依赖关系管理方式。包通常会通过命名空间来实现与其他包的隔离，这使得开发者能够在系统中清晰地定义不同的模块，同时避免命名冲突。通过包，系统的功能模块可以相对独立地开发和维护，从而提高软件的可扩展性和可维护性。

包依赖性是指系统中一个包对另一个包的依赖关系。通常，包之间的依赖性来源于包内类之间的依赖性。类之间的相互依赖，特别是在功能复杂的系统中，可能导致包之间形成复杂的依赖关系。在这种依赖关系中，特别需要关注包的层次结构和依赖方向。过度的依赖不仅会增加系统的复杂度，还可能导致系统中包的耦合度过高，影响代码的可维护性和可扩展性。

在包依赖性管理中，循环依赖性是一个特别棘手的问题。当两个或多个包之间存在互相依赖的情况时，可能会导致依赖关系的恶性循环。这种循环依赖性会使得程序的设计和实现变得复杂，难以进行模块化开发和测试，同时也增加了系统维护和扩展的难度。然而，大多数情况下，循环依赖性可以通过重新设计来避免。通过合理划分包的功能和依赖关系，设计人员可以确保包之间的依赖性是单向的，从而避免循环依赖带来的负面影响。

在实际的系统设计过程中，包的划分和依赖性管理需要遵循一定的原则，以确保系统架构的清晰和高效。包之间的依赖关系应尽量保持简洁和明确，避免不必要的复杂性；依赖关系应该尽量避免循环依赖和过度耦合。为了实现这一点，设计人员通常会将包分为不同的层次结构，其中上层包依赖下层包，而下层包则不应依赖上层包。这样的依赖关系结构有助于减少系统的复杂度，提高代码的可维护性和可重用性。

（三）面向对象的系统分解

1. 子系统和类

在软件系统的分析与设计过程中，为有效应对系统的复杂性与多变性，普遍采用子系统与类的层级化结构划分方法。子系统作为系统结构中的中层组织单元，承担了连接整体架构与细粒度对象的作用。通过对系统功能的逻辑划分，可将整体系统解构为若干功能明确、结构独立的子系统，每个子系统进一步由多个类构成，以实现具体的数据封装与行为定义。类作为面向对象方法论中的基本构建单位，承担着对问题域中实体属性与操作的抽象职责，从而在实现中具有高度的可重用性与可维护性。

系统分解为子系统及类的方式不仅体现了层次清晰、职责单一的设计理念，还在很大程度上提升了系统的模块化程度。各子系统之间通过清晰、简洁的接口进行通信与协作，能够在保持功能独立的同时保障系统整体的协同一致性。此外，子系统内部类的合理组织使得系统具备较强的高内聚与低耦合特征，有助于后续的扩展、测试与维护。该结构化方法支持并行开发与分工协作，能够有效提升开发效率，降低潜在的设计风险。在系统功能日益复杂和需求持续演化的背景下，子系统与类的分层抽象机制，为软件系统提供了稳定、高效、可扩展的结构支撑，具有显著的工程实践与理论指导价值。

2. 子系统接口和服务

在面向对象的软件系统设计中，子系统接口与服务的设计是保障系统结构清晰性与运行高效性的关键要素。子系统服务作为一组具备共同目标的操作集合，是子系统对外能力的集中体现。通过对服务的统一定义与规范化描述，可使子系统在系统整体中承担明确的职责，并以一致、稳定的方式对其他子系统提供功能支持。这种服务导向的设计理念使得子系统间的交互更加标准化，有效增强了系统的模块自治性与整体协调性。

子系统接口作为服务的具体实现入口，其本质为对操作集合的抽象描述，涵盖操作名称、参数类型及其返回值等要素。接口的存在屏蔽了子系统内部实现的复杂性，使得与其他子系统进行交互时无需了解其内部结构，只需依赖其对外公开的接口定义即可。如此一来，不仅增强了子系统之间的独立性，也在系统扩展与维护过程中降低了因实现变更而产生的耦合风险。

面向对象系统设计的核心在于以接口为依托，确保服务定义的稳定性与可重用性。在实际开发过程中，文档化的接口说明成为连接子系统之间的重要契约，其独立于实现的特点有助于形成良好的开发规范与协作机制。

3. 子系统分层和划分

子系统分层与划分旨在通过建立清晰的层级结构与模块边界，提升系统的组织性、可维护性与可扩展性。分层设计通过约定各层之间的依赖关系，使得系统具备明确的结构边界与服务传递机制。在该模型中，每一层仅依赖于其下一层提供的服务，避免了对上层结构的认知与耦合，从而实现系统的低耦合与高内聚，有利于维护系统的独立性与稳定性。

从体系结构的角度出发，分层结构可进一步细分为封闭型与开放型两类。封闭体系结构强调层级访问的严格性，即每一层只能调用其直接下层的功能，这种机制强化了模块间的隔离性与接口的标准化，能够有效降低跨层调用带来的复杂性。封闭结构在提升模块独立性的同时，可能因调用路径受限而引发性能瓶颈，特别是在涉及资源密集型操作或对响应速度要求较高的场景时，存储管理与处理效率可能受到影响。

在实际系统设计过程中，子系统划分是分层处理的前提。通过功能维度或部署环境对系统进行初始划分，可将整个系统解构为若干个独立子系统，每个子系统专责一类服务或业务功能，从而实现功能上的横向分割。此举不仅优化了系统的逻辑结构，也便于不同开发团队并行开展开发任务。在划分完成后，进一步通过分层机制对每一子系统进行内部结构细化，形成由高层到低层逐级解构的结构模型。各层之间通过定义良好的接口进行通信，形成清晰的职责链条。

合理的子系统划分与分层应以平衡系统复杂度与可管理性为前提。过度细化可能导致接口数量激增，通信成本上升，进而增加系统维护的难度。因此，在进行子系统划分与分层设计时，应综合考虑系统的功能需求、部署条件及未来的扩展方向，确保分层结构既满足当前需求，又具备良好的演进能力。

4. 子系统之间的两种交互方式

在面向对象的软件系统架构中，子系统之间的交互关系是影响系统结构稳定性、可维护性与可扩展性的重要因素。合理的交互方式不仅有助于明确子系统间的依赖关系，还能有效降低系统耦合度，提升整体运行效率与模块间的协同能力。在工程实践中，子系统之间的交互主要呈现两种基本方式，即客户-供应商关系和平等伙伴关系，这两种交互模型各具特点，适用于不同的系统场景与需求背景。

① 客户-供应商关系。客户-供应商关系是一种单向依赖的交互方式，其核心在于服务的调用方向明确，即客户子系统主动调用供应商子系统的接口，以获取所需服务。在此模式中，客户子系统需要掌握供应商子系统所提供的服务接口，而供应商子系统则对客户完全无感知，从而形成明显的依赖单向性。这种结构有助于明确各子系统在系统中的职责边界，达成功能与实现的解耦，同时在系统变更与迭代过程中具有较高的灵活性。由于调用路径单一，依赖关系清晰，该交互模式更易于理解、测试与维护，在大型系统设计中具有较强的实用性和工程价值。

② 平等伙伴关系。平等伙伴关系表现为双向依赖的交互方式。在该模式中，各子系统处于对等地位，可能互相调用彼此提供的服务，从而形成更加复杂的调用网络结构。这种关系虽然在某些高度协作场景下具有一定的灵活性和适应性，但也引入了更高的系统复杂性与耦合度。每个子系统均需了解多个其他子系统的接口，导致接口管理与依赖控制难度显著增加，进而对系统的演化与扩展构成潜在挑战。尽管在某些特定业务场景下不可避免，但从系统整体架构优化角度出发，应尽量避免平等伙伴关系的广泛使用。

（四）问题域部分的设计

在面向对象软件开发过程中，问题域部分的设计是系统建构中最为核心的环节之一。作为业务逻辑层的主体，问题域的设计不仅直接承接了分析阶段的概念模型成果，同时也为后续系统结构的合理划分与功能模块的具体实现奠定了坚实基础。

因此，对问题域部分的设计展开系统、深入的学术探讨，不仅有助于提高系统的可维护性、可扩展性与复用性，还能在一定程度上增强开发过程中的一致性和稳定性。

1. 问题域设计的基本目标与原则

问题域部分的设计旨在准确、完整地建模现实世界中的业务对象及其关系，形成可支撑系统行为的逻辑结构。在设计过程中，应坚持低耦合、高内聚的基本原则，确保类之间的职责划分清晰、交互关系简洁，从而提高系统模块的自治性和独立性。同时，问题域的设计应强调语义一致性，即模型中各类及其属性、操作的命名与定义应保持与业务语境一致，以提升开发人员与业务人员之间的沟通效率。此外，还应充分考虑设计的可演化性，即在保证当前系统功能实现的前提下，为未来可能的功能扩展与结构优化预留空间。

2. 基于分析模型的设计深化

面向对象分析模型为问题域设计提供了结构化的蓝图。该模型包括用例图、类图、顺序图与包图，描述了系统的行为需求、静态结构以及动态交互关系。在进入设计阶段后，应对这些分析模型进行系统性转化与优化，使其从抽象的逻辑结构过渡到具体的可实现方案。这一过程通常包括对类的属性与方法的明确化、对对象之间关系的细化与补充、对模块边界的划定与整合等操作。此外，在实际设计中需考虑业务需求的动态演变及设计者理解的不断深入，进而对原有分析结果进行改进。此类改进不仅限于属性与操作层面的调整，更涉及类之间的组织结构、继承层次、模块划分等系统层面的重构。

3. 问题域设计中的类复用与组织

在问题域部分的构建过程中，类的复用是提升开发效率与系统质量的重要策略。通过集成已有的类库或构件资源，能够在确保一致性的前提下，快速构建出符合业务需求的模型结构。复用过程通常伴随对现有类的裁剪与封装，即去除冗余属性与方法、定义统一的接口协议，以增强新系统对复用类的适应性。

复用不仅体现在继承机制的运用上，还涉及对类间关系的合理调整。在将复用类纳入问题域结构时，应重构类之间的关联，确保数据依赖关系清晰、职责分配合理，避免由于不恰当的继承或耦合关系导致系统灵活性降低。为便于系统的模块化设计与后续维护，通常还需构建一个统一的“根”类或聚合类，对问题域中所有核心类进行组织和封装。这一组织结构不仅能够提供统一的访问接口，还可作为构建类库或服务组件的基础，增强系统的可重用性和可组合性。

4. 泛化机制与协议的一致性构建

泛化机制在问题域设计中扮演着至关重要的角色。通过定义泛化类并建立继承层次结构，能够有效抽象出各类对象之间的共性行为与属性，形成清晰的协议接口。这种机制不仅有助于提升系统结构的清晰度，还为实现多态性提供了理论依据与技术支持。

在面向服务或面向接口的设计框架中，泛化类常作为通信协议的定义者，其所声明的方法通常为虚函数，实际的业务逻辑由各特化类具体实现。这种做法不仅增强了系统的扩展能力，还提升了各模块间的解耦程度，使系统在面对需求变更时能够保持较强的适应性。泛化结构的设计必须遵循稳定性与灵活性的平衡原则。过度抽象可能导致类结构复杂、理解困难，过于具体又可能限制扩展空间。因此，在设计泛化类时，应以业务语义为导向，确保抽象层级与业务逻辑保持一致，避免形式上的空泛抽象。

5. 继承结构的适应性调整

在问题域设计中，继承结构的设定往往受到目标开发语言特性的限制。例如，某些编程语言只支持单继承，或完全不支持继承机制。在此情况下，原始分析模型中的多继承结构必须进行适配性调整。

针对单继承语言，可以通过引入接口、组合模式或桥接模式等设计策略，将多继承结构转化为组合关系或接口继承，从而避免语言特性带来的约束。对于不支持继承的语言，则需将泛化层级结构展开为一组具备完整功能的具体类，再通过统一命名与接口规范，维持类之间的语义一致性与结构可控性。在进行继承结构调整时，还应结合系统的实际运行环境、团队技术栈及维护能力进行综合考量，确保设计的可实施性与可持续性。

6. 性能导向下的问题域结构优化

系统性能是问题域设计中不可忽视的重要指标。在满足业务语义正确性的基础上，需对类结构进行适当优化，以提升系统在运行时的效率与响应速度。此类优化通常体现在以下方面。

① 针对高频通信的类，可考虑将其合并或重构为单一对象，以减少对象间消息传递带来的时间开销。同时，在不违背封装原则的前提下，引入全局数据或缓存机制，也是一种有效的性能优化策略。

② 可通过增加冗余属性或计算结果的缓存机制，减少重复计算带来的资源消耗。例如，在类中预置计算结果的中间变量，可在业务处理过程中重复调用，避免对同一业务逻辑的反复执行。

7. 对象存储策略与持久化机制

问题域中的对象在系统运行过程中须具备一定的持久性，以支持系统的状态保存与数据恢复。为实现对象的持久化，通常采用数据管理组件对对象进行统一的存储管理。对象自身通过特定接口将其内部状态传递至数据管理模块，由后者完成存储与检索操作。

在设计对象存储策略时，应充分考虑数据一致性、访问效率与安全性等多重因素。可采用关系型数据库、面向对象数据库或 NoSQL 数据库等不同存储方案，结合实际业务需求与系统规模进行选型与结构设计。

此外，还需设计统一的数据映射机制，实现对象与存储结构之间的双向转换。这通常借助对象-关系映射（ORM）框架完成，通过映射规则将对象属性与数据库字段相对应，从而实现对象的自动存取与状态同步。

（五）人机交互部分的设计

用户界面（即人机交互界面）是人机交互的主要方式，用户界面的质量直接影响到用户对软件的使用，对用户的情绪和工作效率产生重要影响的同时，也直接影响用户对软件产品的评价，从而影响软件产品的竞争力和寿命。在设计阶段必须根据需求把交互细节加入用户界面设计中，包括人机交互所必需的实际显示和输入。

1. 人机交互界面设计步骤

人机交互界面设计的目标在于建立一种高效、清晰、符合用户认知模型的交流通道，以实现人机之间的信息传达与操作协调。该过程不仅依赖于技术实现的可行性，更根植于对用户行为、任务流程及交互场景的深入理解。界面设计的各个步骤环环相扣，通过不断地优化迭代，确保最终生成的交互界面既具功能性，又具实用性。

界面设计的初始阶段应从系统的输入输出分析与用户交互行为建模入手，通过全面识别用户与系统之间可能发生的交互事件，明确交互对象的属性与操作行为。在此基础上，界面设计者需系统地定义界面对象，并根据功能需求将其操作行为结构化，从而构建起初步的用户界面概念模型。

界面设计需着重建立事件驱动模型，即定义哪些事件将触发用户界面的状态转变。这一阶段要求界面设计者对系统逻辑有透彻的掌握，并能将不同交互路径下的界面状态进行分类、归纳与建模，确保每一次用户操作都能引起明确且符合预期的界面反馈。通过对事件的建模，可以有效地描述系统在不同交互情境下的动态响应能力。

进一步地，需构建每一个最终展示给用户的界面状态。这不仅涉及界面的静态排布，还包括动态交互逻辑的呈现。设计者需依据已定义的对象与行为，对界面内容进行合理布局，明确信息层级，强化用户的感知路径，使用户能够在界面中迅速定位所需功能和反馈信息。在此基础上，需借助界面信息帮助用户理解系统当前状态，提升界面信息的表达力与解释性。

在具体实施层面，界面设计通常以草图或原型形式进行初步呈现，随后通过对对象、操作及其他设计元素的逐步定义，使界面逐步趋于完整和具体。在对界面对象与行为明确定义之后，屏幕布局便成为关键一环。该阶段需综合考虑图形元素的位置、屏幕文字的表达、窗口组织结构以及菜单项的层次关系等，通过对视觉要素的系统配置，提高用户界面的整体感知效率与操作流畅性。

2. Web 应用系统的界面设计

Web 应用系统是允许用户通过 Web 浏览器执行业务逻辑的 Web 系统，通常将其称为具有浏览器/服务器体系结构的应用系统。随着网络技术应用的普及和商业全球化的趋势，原来在企业局域网上运行的系统（基于 C/S 结构）纷纷向基于 Internet 的 Web 应用系统演化。目前，Web 应用系统是如此普遍，它已成为应用软件中非常重要的应用模式。从用户的角度，Web 应用系统与网站的界限越来越模糊，因为很多商业网站具有很强的业务处理和计算能力。重要的是，作为客户端的 Web 界面已经得到了人们的普遍认可和接受，因此 Web 界面的设计在应用系统的设计中占有越来越重要的地位。

① 界面设计目标。Web 应用系统的界面设计目标不仅为设计过程提供了系统

性的指导原则，也直接关系到用户体验的质量与系统功能的实现效果。在实际设计过程中，如下这些目标被广泛适用于各类 Web 应用系统，无论其所处的领域、规模大小或结构复杂性如何，均具有普适的参考价值和实践意义。

a. 简洁性。设计者需在满足功能需求的前提下，力求界面信息的精炼与要素的最小化配置。简洁性不仅可以有效减少用户认知负担，还能提升界面的响应效率，增强操作的直观性。通过简化页面结构、精炼视觉层级，用户能够更专注于核心内容与操作流程，从而提升整体的使用满意度与系统响应的灵敏度。

b. 一致性。一致性体现于页面布局、内容呈现、交互行为及导航机制等多个层面。通过统一的设计语言和视觉风格，Web 应用系统能够构建出连贯、规范的交互体验。这种一致性不仅有助于用户在系统内部形成稳定的使用预期，也能够显著减少其在不同模块之间切换时的学习成本与误操作风险。界面一致性的实现还依赖于设计标准的制定与遵循，使系统结构与用户路径保持高度协调。

c. 确定性。确定性强调 Web 界面设计需与应用领域的特点、用户需求及交互情境相契合。在实际应用中，不同类型的 Web 系统服务于不同的目标群体与功能场景，其界面呈现应具有领域特异性与功能导向性。确定性的界面设计能够在视觉风格、语言表达、信息组织等方面准确传达系统属性与服务理念，使用户在使用过程中获得明确、可预测的反馈，从而增强系统的专业性与信任度。

d. 健壮性。在明确系统定位与功能边界之后，健壮性目标强调系统在功能响应与内容呈现方面的完整性与可靠性。Web 应用系统必须能够提供连续、稳定的服务支持，并确保所有预期功能均可有效实现。健壮性的体现不仅在于功能的全面性，还体现在应对用户不同需求和操作路径时的容错能力。若界面在关键操作节点存在功能空缺或内容缺失，极易引发用户不满，甚至影响系统的整体可用性和声誉。

e. 导航性。导航性要求界面设计需具备良好的路径引导能力和操作逻辑清晰度。有效的导航系统应以用户思维为中心，通过显性化、可预测的方式引导用户完成任务流程。导航机制的设计需具备层次清晰、入口明确、反馈及时等特点，使用户在最少的操作步骤内完成目标任务，从而显著提升操作效率与交互满意度。

f. 视觉吸引力。在功能性之外，视觉吸引力同样是 Web 界面设计不可忽视的目标。优质的视觉表现不仅关乎系统的第一印象，更在于提升用户在使用过程中的愉悦感和持续操作的意愿。设计者需综合考虑色彩搭配、排版布局、图文配合等多种视觉元素，营造出美观、协调且富有审美价值的界面风格。在保证美学效果的同时，亦需确保界面元素的可读性与可识别性，使视觉设计服务于功能表达与信息传达。

g. 兼容性。兼容性目标体现 Web 应用系统适应多种技术环境与终端设备的能力。在当今多元化的用户使用环境中，Web 系统需能够兼容不同的操作系统、浏览器类型与设备终端，以保障用户在任意平台上都能获得一致的使用体验。高兼容性的界面设计不仅增强了系统的普适性，也拓宽了其应用边界与用户覆盖范围。

② 界面设计工作流程。Web 应用系统的界面设计工作流程是实现高质量用户

体验与系统功能有效集成的关键环节，其本质在于将用户需求、系统目标与交互逻辑有机结合，构建具有结构性、美学性与可操作性的界面架构。如下流程体现了系统设计的系统性、阶段性与迭代性，是实现 Web 应用界面高效开发与持续优化的重要依据。

a. 界面设计流程的起始阶段，需要对前期分析模型中所提取的信息进行全面回顾与优化。这一环节确保了界面设计以准确的用户需求、任务目标及内容结构为基础，为后续布局构建与行为映射提供了可靠的数据支撑。分析模型的优化不仅有助于识别潜在的信息冗余或逻辑冲突，同时也强化了设计目标与用户期望之间的契合度。

b. 开发界面布局草图。设计者需根据分析阶段形成的原型或框架，进一步明确信息模块的位置、导航路径的分布及交互区域的构成。若分析模型已包含布局设计，则此阶段亦承担对既有布局进行修订与功能优化的任务，以提升界面结构的逻辑清晰度和空间利用率。

c. 用户目标与界面行为之间的映射。在该阶段，应将有限而明确的用户主要目标转化为清晰的界面行为，这一过程是界面交互机制构建的基础。通过行为映射，系统可实现用户意图的有效响应与交互路径的合理构造，从而提高操作效率与功能完成率。

d. 每一界面行为都需细化为一组具体的用户任务，并与相应的交互对象建立明确关联。这些交互对象涵盖导航事件、内容对象以及系统功能模块，是用户实现其操作目标的中介手段。在界面设计阶段，应依据分析模型中的任务结构，为每个行为构建具体操作路径并明确其触发机制，以增强系统的逻辑一致性与任务指向性。

e. 在行为建模基础上，需为各类行为绘制情节串联图板图像。该图像以序列化的形式展现用户与系统交互过程中界面状态的演进与反馈路径，从而为后续的功能实现与视觉呈现提供视觉化支持。此阶段的工作强调内容呈现的连续性、功能响应的明确性与导航机制的合理性。

f. 美学设计的输入。美学设计的引入有助于在功能完整的基础上提升界面的视觉吸引力与情感感染力。通过色彩搭配、图形元素配置与版式优化等手段，实现界面布局与视觉风格的融合，使用户在操作过程中获得更具审美价值的体验。

g. 应明确系统中所需的界面对象。这些对象可通过复用已有的类库组件实现，也可根据系统需求开发新的自定义类。对象的选择与定义需兼顾功能性、可扩展性与可维护性，是实现系统界面组件化与模块化设计的关键步骤。

h. 在可选环节中，设计者可通过 UML 顺序图或活动图对用户与界面之间的交互过程进行建模，以图形化方式展现用户操作序列与系统响应机制。此类过程表示不仅有助于理清操作逻辑与控制流，也为团队协作与后期开发提供了形式化文档支撑。

i. 界面行为的建模亦可通过状态图进行表达，呈现不同用户行为对系统状态的影响路径与状态转换机制。此阶段重在构建界面状态的完整逻辑链条，并定义各状态之间的转换条件与控制机制，增强系统的交互一致性与行为可控性。

j. 将已完成的布局设计与状态模型相结合，为每一个 Web 应用系统状态定义其对应的界面布局。通过这一整合过程，界面设计模型实现从静态结构到动态响应的全面覆盖。

界面设计工作的最终环节是对整体设计模型进行优化与评审，重点评估其可用性、易学性与交互效率，确保界面能够高效支撑用户任务的完成并持续适应使用需求的演变。

（六）任务管理部分的设计

在多任务操作系统或嵌入式系统的架构中，任务管理部分的设计是实现系统稳定性、实时性与资源高效利用的关键组成之一。任务管理不仅承担任务的调度与执行，还关系到系统在面对高并发、复杂交互和不确定事件时的响应能力。因此，科学而系统地设计任务管理部分，是构建高效系统结构的重要基础。在任务设计中，需对系统中可能存在的任务进行分类，通常包括事件驱动任务、时钟驱动任务、优先任务、关键任务及协调任务等多种类型。通过对任务特征的抽象，能够有效地将系统功能模块化，并对功能实体以任务的形式加以管理与调度，从而构建出可维护性高、耦合度低的系统结构。

1. 事件驱动任务

在任务管理策略中，任务通常处于挂起或睡眠状态，仅在特定事件发生时才被唤醒进行处理。其触发机制通常依赖于外部中断或内部信号，这种设计有效避免了系统资源的无效占用，提高了任务调度的实时性。任务被唤醒后完成相应处理，并及时返回休眠状态，以等待下一次事件的发生。该类任务在设计时应确保中断信号处理路径的简洁与清晰，避免唤醒延迟与信号丢失，影响任务的响应效率。

2. 时钟驱动任务

时钟驱动任务侧重于任务执行的周期性与可预测性。此类任务基于系统时钟中断机制，以固定时间间隔定期唤醒执行，从而满足周期性任务，如系统状态监测、人机交互刷新等的需求。设计时需明确每个任务的时间粒度、重复周期以及唤醒机制，确保任务执行的精确性与同步性。同时，需要在系统层面进行时钟资源的统一调度，避免频繁中断带来的系统性能下降。

3. 优先任务

优先任务的设计是确保在有限资源下优先执行关键处理的重要手段。依据任务的重要性及时效性，将系统任务分为不同优先级，并据此制定调度策略。高优先级任务往往承担关键服务或时限紧迫的处理，其调度须具备抢占能力，保证其在任何时刻都能优先获得处理器资源；低优先级任务更多承担非实时性处理任务，允许在资源空闲时执行，从而保障系统整体运行的稳定性与效率。在任务优先级设计中，需权衡任务的时效要求与系统调度的公平性，避免因高优先级任务占用过多资源而引发系统饿死现象。

4. 关键任务

关键任务的设计需达到高度的容错性与鲁棒性。这类任务往往承担系统安全、核心控制等不可失败的功能，因此在管理上应采取任务独立分离策略，将其与一般任务隔离开来，避免相互干扰。同时，应为关键任务配置更高的资源保障，如更高的优先级、更短的响应时间及更严格的容错策略。此外，在任务生命周期管理上，应确保关键任务具备完整的监控机制与恢复机制，以应对可能出现的运行异常。

5. 协调任务

协调任务主要负责系统内部多任务之间的同步与控制，适用于系统内存在复杂任务间交互的场景。通过引入协调任务，可将任务之间的通信逻辑封装在统一的协调实体中，降低各任务间的耦合度。协调任务通常基于状态转换逻辑进行控制，其行为可以通过状态转换矩阵加以建模，从而实现任务间状态管理与流程协调的系统化、可视化。此类任务的设计需着重考虑系统整体运行的有序性与一致性，避免任务状态冲突与执行逻辑混乱。

6. 任务审查与优化

在任务划分完成后，任务管理设计的另一重要环节是任务审查与优化。过多的任务数量不仅会增加系统调度开销，还会引发内存与处理资源的争抢。因此，在设计阶段应对每个任务进行合理性审查，评估其存在的必要性与独立性，确保任务划分遵循工程最简原则。任务划分应以功能完整性为基础，辅以响应时间、资源需求与任务交互的考量，实现功能与资源的最优匹配。

7. 明确定义任务

为保证任务的可识别性与可维护性，需为每个任务设定唯一的任务名称，并提供简洁、准确的任务描述。若任务涉及多个服务模块，还应在服务层面引入任务约束标识，确保服务与任务间的映射关系清晰可辨。在任务行为定义方面，应指出任务的触发方式（事件或时钟）、执行频率（单次或周期性）、触发条件与时间间隔，构建任务行为的完整模型。在任务通信设计方面，应明确每个任务的数据获取与输出路径，包括数据的来源、使用及去向，构建任务间的数据流路径，为系统整体的数据一致性与交互效率提供保障。

（七）数据管理部分的设计

在信息系统的整体架构设计中，数据管理部分的设计作为核心组成部分，直接关系到系统的数据组织结构、访问效率、持久化机制以及维护便利性。在面向对象建模逐步取代传统结构化建模成为主流的背景下，数据管理的设计不仅要满足对数据准确性、一致性和完整性的基本要求，更应体现面向对象思想与关系数据库之间的有机融合，保障系统的可扩展性与适应性。

数据管理部分的设计需要建立在对系统业务逻辑与信息需求的全面理解基础之上，进而通过 UML 对系统的概念模型进行抽象表达。UML 类图作为反映系统对象结构与对象间关系的重要工具，在数据管理中具有关键地位。通过对类、属性、方法以及类之间的关联、继承、聚合等关系的明晰建模，可以为后续数据库结构的设计提供清晰指导。

在面向对象与关系数据库之间的映射过程中，数据管理的设计必须兼顾对象模型的丰富语义与关系模型的规范约束。普通类在关系数据库中通常以数据表的形式加以体现，而其属性则转化为数据表的字段。针对属性数量较多或属性变化频繁的类，采用横切或竖切的分表策略可有效提升数据的组织效率与访问性能。竖切方式通过按属性类型分类建表，保障数据结构的清晰与访问的针对性；横切方式则在历史数据管理中具有明显优势，便于对时效性数据的归档与分层管理，从而在保证数据完整性的同时降低主表负担，提升查询效率。

关联关系的设计同样是数据管理部分的重要内容。一对一、一对多与多对多三种基本关联类型，在关系数据库中需通过合理的外键机制加以表达。其中，一对一关联可通过双向外键或合并建表实现数据的高效耦合；一对多关联则通过在“多”端表中引入外键，确保数据引用的完整性与层次结构的清晰度；多对多关联由于关系数据库本身的限制，需引入中间关联表以构建两个一对多的映射，从而在维持对象间复杂关系表达的同时，增强系统的可维护性与数据的可操作性。

继承关系的映射是面向对象模型向关系数据库映射中最具挑战性的问题之一。单表继承、子类表继承以及所有类表继承三种策略在数据管理设计中具有不同的适用场景。单表继承通过在一张表中存储基类及其所有子类的信息，结构简单，适用于继承结构较为扁平、子类属性差异不大的情况；子类表继承强化了对象的独立性，将每个子类映射为独立的数据表，并包含基类的全部属性，适合类结构明确、继承深度浅的设计需求；所有类表继承策略通过为基类和各子类分别建表、并使用主外键连接的方式，实现类层次结构在数据库中的精确映射，适用于对继承关系表达要求较高且需严格控制冗余的系统。

数据管理部分的设计应充分考虑数据完整性约束、并发控制机制与事务管理策略，以确保系统在多用户环境下的稳定运行与数据一致性。在逻辑层面，数据管理设计需体现高内聚、低耦合的原则，通过合理的数据封装与模块化划分，提升系统的扩展灵活性与维护便捷性；在物理层面，应充分优化索引策略与存储结构，配合缓存机制与批处理技术，提升系统整体的数据处理效率。

（八）对象设计

对象设计以问题域的对象设计为核心，其结果是一个详细的对象模型。经过多次反复的分析和概要设计之后，设计者通常会发现有些内容没有考虑到。这些没有考虑到的内容，会在对象设计的过程中被发现。这个设计过程包括标识新的解决方案对象、调整购买到的商业化构件、对每个子系统接口的精确说明和类的详细说明。

1. 使用模式设计对象

在面向对象设计过程中，使用模式设计对象是确保系统架构具备高度灵活性、可扩展性和可维护性的关键策略之一。设计模式作为经过反复验证的解决方案，能够有效应对在系统开发中常见的设计难题，尤其是在处理复杂的对象交互和系统模块化时，设计模式的作用尤为突出。通过选择合适的设计模式，开发者能够在不重新发明轮子的前提下，高效解决问题，从而提高开发效率，降低后期维护成本。

在使用模式设计对象时，设计模式不仅是技术性的工具，更是一种经过长时间检验的最佳实践的总结。设计模式的应用有助于提升系统设计的可理解性和可扩展性，通过模式的复用，开发者能够遵循经过验证的设计方法，避免重复性劳动，并且能够确保系统的高质量和一致性。

通过运用设计模式，系统中的对象能够以标准化的方式进行组织和协调，从而减少因频繁修改和调整而导致的设计不一致性。设计模式中的继承机制和授权机制等，也为设计者提供了更加灵活的对象交互方式。继承结构的引入，有助于将共有的属性和方法提取到父类中，减少了重复代码，同时提高了系统的扩展性。授权通过对象之间的委托关系，使得系统中的各个组件能够更灵活地进行功能协作，进一步提升了系统的模块化程度。

设计模式的选择和应用并非一成不变。尽管设计模式为系统提供了强大的支持，但在特定的设计场景中，开发者仍需根据实际需求和问题的具体特点，灵活选择和调整适合的模式。过度依赖某一特定设计模式，可能会导致系统的复杂度增加，反而影响系统的可维护性。因此，合理运用设计模式并结合具体的系统需求，才是确保系统设计高效、灵活、易维护的关键。

2. 重构对象设计模型

重构对象设计模型是软件开发过程中对现有设计进行优化的重要手段，旨在提升系统的可读性、可扩展性和维护性。通过对对象模型的结构和类的关系进行精细化调整，重构有助于提升系统的质量，而不改变其原有的功能行为。重构过程强调逐步进行，每次调整都要确保系统行为的一致性，避免对类接口和外部依赖产生负面影响。通过这种方式，设计者能够在维持系统稳定性的前提下，持续改进系统的设计。

重构活动的核心目标是消除冗余、简化结构并优化类之间的关系，从而提升系统的灵活性和可维护性。通过重构，设计者可以将过于复杂的类拆解为更加简单和高效的结构，提高系统的可理解性和修改的便捷性。例如，通过将多个相似类合并成通用类或将无活动特征的类转换为属性，可以减少系统中的冗余代码，使得对象模型更加精简。此外，重构还注重通过重新组合类与操作来增加系统的封装性和继承性，从而使得系统设计更加模块化和可扩展。

第五章
软件实现与软件测试分析

在当今数字化浪潮席卷全球、软件技术飞速发展的时代背景下，软件实现与软件测试分析的重要性愈发凸显。随着软件应用领域不断拓展，软件系统的复杂度与日俱增，对程序设计语言、设计风格、编码规范及程序效率性能的要求也愈发严格。同时，软件测试作为保障软件质量的关键环节，其测试用例设计、测试策略与方法的选择，直接关系到软件产品的稳定性和可靠性。本章将围绕这些核心内容展开深入探讨，以期为软件开发者提供全面、实用的指导与参考。

第一节　程序设计语言与设计风格

一、程序设计语言

程序编码阶段的任务是将软件的详细设计转换成用程序设计语言实现的程序代码。因此，程序设计语言的性能和设计风格与程序设计的效能和质量有着直接的关系。语言的工程特性对软件开发项目的成功与否也有着重要的影响。

（一）程序设计语言的分类

相当长的时间以来，人们对程序设计语言的分类是有争议的。在很多情况下，同一种语言可以归到不同的类中。从软件工程的角度，根据程序设计语言发展的历程，可以将程序设计语言大致分为以下 4 类。

1. 从属于机器的语言——第一代语言

自从有了计算机，就有了机器语言。它是由机器指令代码组成的语言。不同的机器会有各不相同的一套机器语言。用这种语言编写的程序，都是二进制代码的形式，且所有的地址分配都是以绝对地址的形式处理。存储空间的安排，寄存器、变址的使用都由程序员自己计划。因此使用机器语言编写的程序很不直观，尽管这种程序在计算机内的运行效率很高，但人们编写程序的出错率也高。

2. 汇编语言——第二代语言

汇编语言比机器语言直观，它的每一条符号指令与相应的机器指令有对应关系，同时又增加了一些功能，如宏、符号地址等。存储空间的安排可由机器解决，减少了程序员的工作量，也减少了出错率。不同指令集的处理器系统有自己相应的汇编语言。

前两类语言都已随着程序语言的发展逐步退出历史舞台，不过从软件工程的角度来看，只是在高级语言无法满足设计要求时，或者不具备支持某种特定功能（例如特殊的输入/输出）的技术性能时，才使用汇编语言。

3. 高级程序设计语言——第三代语言

高级程序设计语言从20世纪50年代就开始出现，它们的特点是用途广泛，具有大量的软件库，已被多数人所熟悉和接受。典型的高级程序设计语言有ALGOL、FORTRAN、COBOL、BASIC、Pascal、C、C++、Lisp、Prolog、Ada等。

4. 第四代语言

纵观软件技术演进之历程，业界始终致力于提升编程抽象层级以优化开发效能。早期程序设计语言（1GL至3GL）虽然逐步实现抽象化跃迁，但仍需开发者深度介入算法细节的显式定义。直至第四代语言（4GL）问世，编程范式迎来质的飞跃，其以数据库管理系统为技术基座，构建起面向复杂软件系统的高阶开发范式，催生出报表生成、多模态界面设计等集成化开发环境。此类工具通过非过程化的问题定义范式，使开发者得以聚焦业务逻辑而无需关注实现细节。

伴随20世纪90年代计算机技术的突破性发展，基于数据库的4GL商用系统迎来黄金时代。Oracle开发套件、Informix-4GL、PowerBuilder等标志性产品，通过提供声明式编程接口与可视化开发工具，显著缩短了软件开发周期并提升了交付质量。这些工具不仅革新了开发范式，更重塑了软件工程实践标准。

从功能维度审视，4GL体系可划分为四大核心领域：

① 查询语言与报表生成系统，前者通过SQL等结构化查询语言实现数据操纵，后者则依托非过程化描述机制自动生成数据报表；

② 图形化开发工具，如SQL Windows系统通过图形化需求定义实现源码自动生成，开创了模型驱动开发的新范式；

③ 应用生成器体系，既包含PowerBuilder等交互式开发环境，也涵盖Natural、FoxPro等编程式生成器，形成覆盖全场景的应用构建解决方案；

④ 形式化规格说明语言，如Z语言、NPL等，通过数学化描述消除需求歧义，为软件自动化奠定坚实基础。

这种技术演进深刻印证了软件工程的发展规律：通过持续的抽象层次提升与工具链创新，不断释放开发者的创造力。4GL技术体系不仅为数据库应用开发提供了标准化解决方案，更通过工具链的模块化设计，为复杂系统构建提供了可复用的技术组件。当前，随着低代码/无代码开发平台的兴起，4GL所确立的非过程化编程理念正持续演进，推动着软件开发范式向更高层次的自动化与智能化迈进。

（二）程序设计语言的选择

选择适宜的程序设计语言，可有效降低程序员在依据设计框架开展编码工作时的技术障碍，从而减少程序测试的频次与复杂度，并提升代码的可读性与可维护性。鉴于软件系统生命周期中，测试与维护阶段的成本投入占比最高，确保程序的易测试性与可维护性显得尤为重要。在为特定开发项目甄选编程语言时，需从技术可行性、工程实施性、开发者心理接受度等多维度进行综合评估，同时需兼顾现实条件的制约。

在编程语言的选择过程中，可重点考量以下要素。

① 应用领域适配性。鉴于不同应用领域对系统开发范型的需求存在差异，故需选择支持相应范型的编程语言。例如，在科学与工程计算领域，FORTRAN、C、C++等语言具备显著优势；在商业数据处理领域，COBOL、Java 及 SQL 等语言应用广泛；在系统程序设计与实时应用场景中，汇编语言、Ada、C++等语言备受青睐；而在人工智能及问题求解领域，Lisp、Prolog、PHP、Python 等语言则为首选。

② 系统用户需求考量。对于拥有自主维护团队的用户而言，在开发新软件时，往往倾向于要求开发商采用与现有软件系统相兼容的语言，以降低后续维护工作的难度。

③ 编程语言功能特性。不同编程语言在各自的应用领域内均展现出独特的优势与特性。因此，需深入掌握当前主流语言的特点与功能，并充分发挥其优势，以选择出最为合适的语言工具。

④ 编码与维护成本及开发环境。选择恰当的编程语言可显著降低程序的编码量与日常维护难度，进而降低相关成本。此外，良好的开发环境亦有助于提升编码与维护工作的效率。

⑤ 编程人员技能水平。在选择编程语言时，需充分考虑编程人员的技能储备，即其对语言的掌握程度与实践经验。

⑥ 软件可移植性。对于生命周期较长的系统而言，应优先选择标准化程度高、程序可移植性强的编程语言，以确保所开发的软件能够在不同的硬件环境中稳定运行。

二、程序设计风格

程序并非仅服务于机器执行，其本质亦承载着供人类解读的使命。在软件全生命周期内，程序的阅读行为贯穿始终，尤其在测试与维护的关键阶段，无论是原作者还是后续参与者，均需深入研读程序逻辑。实践表明，程序阅读在软件开发与维护流程中占据核心地位，其耗时往往超越编写过程本身。鉴于此，程序实质上构成了一种特殊形式的文献载体，其可读性直接关乎信息传递效率。

自 20 世纪 70 年代起，业界即倡导程序编写应遵循优良的格式规范，这一理念迅速获得广泛认同。核心认知在于，程序员在创作过程中需预见到程序的持续可读性需求，即未来读者需沿着既有逻辑路径理解功能实现。因此，在编写阶段投入更多精力优化程序结构与表达方式，不仅符合工程伦理要求，更可通过提升可读性显著降低后续维护成本。这种前瞻性的编程思维，实质上构建了软件开发过程中的质量保障机制。

（一）源程序文档化

源程序文档化包括标识符的命名、程序的注释以及程序的视觉组织等。

1. 标识符的命名

标识符包括模块名、变量名、常量名、标号名、子程序名以及数据区名、缓冲区名等。这些名字应能反映它所代表的实际事物，使其能够见名知意，有助于对程序功能的理解。例如，用 times 表示次数，用 total 表示总量，用 average 表示平均值，用 sum 表示和，等等。

名字不是越长越好，过长的名字会增加工作量，给程序员或操作员造成不稳定的情绪，且会使程序的逻辑流程变得模糊，给修改带来困难。所以应当选择精练的、意义明确的名字，才能简化程序语句，改善对程序功能的理解。必要时可使用缩写，但这时要注意缩写规则要一致，并且要给每个名字加注释。同时，在一个程序中，一个变量只应用于一种用途。例如在某程序中定义了变量 temp，它在程序的前半段代表温度（temperature），在程序的后半段却代表临时变量（temporary），这样就会给读者阅读程序造成混乱。

2. 程序的注释

正确的注释体系对于软件工程实践具有不可或缺的价值，其核心功能在于通过文本化说明提升代码可读性，为系统测试、后期维护及跨团队协作提供标准化指引。注释的存在绝非冗余设计，而是软件开发生命周期中确保代码可追溯性的关键机制。现代程序设计语言普遍支持自然语言注释语法，这一特性显著降低了代码理解的认知负荷。在规范化开发的工程实践中，注释密度通常维持在源程序总行数的30％～50％区间，这种结构化信息密度既保障了技术文档的完备性，又避免了过度注释导致的代码膨胀。

注释分类体系遵循功能导向原则，主要划分为序言性注释与功能性注释两大范畴。序言性注释作为模块级元数据载体，需严格遵循标准化模板进行编制。其核心内容包含：模块标识信息（标题、版本号）、功能语义说明、算法设计概要、接口契约（参数约束、调用关系）、数据模型描述（变量作用域、类型约束）、物理部署信息（文件路径、包依赖）以及开发溯源记录（设计者、审核者、变更日志）。这种结构化注释框架不仅支撑代码理解，更成为了软件配置管理的重要数据源。

功能性注释聚焦于代码微观层面的语义阐释，其核心价值在于揭示程序逻辑意图而非实现细节。此类注释应精准描述代码块的功能预期或执行结果，避免陷入算法实现层面的低效说明。通过区分“做什么”与“怎么做”的注释边界，既保持了代码与文档的语义一致性，又有效防止了注释冗余导致的认知干扰。例如，下面的注释行仅仅重复了后面的语句，对于理解它的工作并没有什么作用。

```
/* Addamounttototal* /
total=amount+total;
```

如果注明把月销售额计入年度总额，便使读者理解了下面语句的意图。

```
/* Addmonthly-salestoannual-total* /
total=amount+total;
```

书写功能性注释，要注意：①用于描述一段程序，而不是每一个语句；②用缩进和空行，使程序与注释容易区别；③注释要正确。

有合适的、有助于记忆的标识符和恰当的注释，就能得到比较好的源程序内部文档。有关设计的说明也可作为注释嵌入到源程序体内。

3. 视觉组织——空格、空行和移行

一个程序如果写得密密麻麻分不出层次来，常常是很难看懂的。应该利用空格、空行和移行组织程序的视觉结构。

① 空格。恰当地利用空格，可以突出运算的优先性，避免发生运算错误。例如，将表达式

```
(a<-17) &&! (b<=49) ||c
```

写成

```
(a<-17) &&! (b<=49) ||c
```

就更清楚。

② 空行。自然的程序段之间可用空行隔开。

③ 移行。移行也叫作向右缩格。它是指程序中的各行不必都左端对齐，从第一格起排列。因为这样做使程序完全分不清层次关系。因此，对于选择语句和循环语句，把其中的程序段语句向右做阶梯式移行。这样可使程序的逻辑结构更加清晰，层次更加分明。例如，两重选择结构嵌套，写成下面的移行形式，层次就清楚得多。

```
if (…)
     if (…)
     {
        ……
     }
     else
     {
        ……
     }
else
{
  ……
}
```

（二）数据说明标准化

为了使程序中数据说明更易于理解和维护，在编写程序时，需要注意数据说明的风格。具体需要注意以下几点。

① 数据说明的次序应当规范化，使数据属性容易查找，也有利于测试、排错

和维护。原则上，数据说明的次序与语法无关，其次序是任意的。但出于阅读、理解和维护的需要，最好使其规范化，使说明的先后次序固定。例如，可以按照以下次序对变量进行说明：常量说明、简单变量类型说明、数组说明、公用数据块说明、所有的文件说明。在类型说明中还可进一步要求。例如，可按如下顺序排列：整型量说明、实型量说明、字符量说明、逻辑量说明。

② 当多个变量名用一个语句说明时，应当对这些变量按字母顺序排列。例如，将

Intsize，length，width，cost，price；

写成

Intcost，length，price，size，width；

更好。

③ 对于复杂的数据结构，应当使用注释对其进行说明。

（三）输入/输出规范化

输入/输出界面设计作为用户交互的核心环节，其规范性与合理性直接影响系统使用体验。在需求定义与架构设计阶段，需预先建立输入/输出的标准化范式，此环节的严谨程度直接决定系统的用户接受度。

输入/输出范式需根据人机交互模式进行差异化设计。批处理场景强调数据逻辑组织的严谨性，要求构建完备的错误校验与容错机制，输出报告需遵循结构化格式规范；而交互式场景则侧重即时反馈的友好性，需通过直观提示降低操作复杂度，建立动态容错机制并实现格式自适配功能。两种模式均需遵循统一的设计准则：建立全量数据校验体系，通过边界条件检测保障数据有效性；实施组合逻辑验证，动态反馈输入状态异常；优化交互流程，采用极简输入格式与自由格式解析机制；设置缺省值参数，降低用户输入负担；采用终结标识符替代数据量预定义，提升操作灵活性；交互式场景需强化提示系统，通过多模态提示明确输入要求并实时反馈状态；严格遵循语言规范，实现输入格式与语句结构的语义对齐；构建标准化输出注解体系，设计可扩展的报表模板框架。

输入/输出范式的形成受多重技术维度制约。硬件层面需考虑终端类型差异(字符终端/图形终端)、图形渲染能力、数据转换精度等物理特性；用户维度需评估操作技能差异、认知负荷阈值等主观因素；通信维度需权衡带宽限制、协议兼容性等环境约束。设计者需建立跨维度的评估矩阵，通过迭代优化实现技术可行性与用户体验的动态平衡，最终形成具有普适性的输入/输出设计范式。

第二节　编码规范与程序效率性能

一、编码规范

编码规范，顾名思义，就是在进行程序编码时要遵循的规范。早期的软件开发

往往只注重个人的编程技巧，强调程序简练、执行效率高，而不重视程序源代码的可读性和可维护性。但是，随着软件规模的扩大，复杂程度的增加，人们逐渐认识到不遵循编码规范会在很大程度上制约软件的发展。

一般来说，编码规范主要体现在编排格式、命名规则、注释、输入/输出和程序结构等方面。

1. 编排格式

代码排版规范是指程序编写过程中代码的布局与格式化标准。有人主张，程序开发的核心任务在于实现功能逻辑，只要代码能够达成预期目标，排版格式的严谨性可适当放宽。然而，这一观点存在明显局限。规范的代码排版不仅能提升代码的可读性与维护性，还能降低团队协作中的沟通成本，因此，培养良好的代码排版习惯是程序员专业素养的重要体现。

① 坚持结构化缩进机制。缩进是代码逻辑层次的可视化表达，通过统一的缩进规则（如每级缩进使用 4 个空格）可清晰区分函数体、类定义、控制结构等代码块。尤其在嵌套层级较深时，规范的缩进能有效避免逻辑混淆，使代码逻辑一目了然。

② 实施代码行宽约束机制。建议将单行代码长度控制在 80 字符以内，这一标准源于早期终端设备的显示限制，现已演变为通用实践。对于超长语句，需在运算符或逻辑断点处合理换行，并保持新行与上层逻辑的缩进对齐，确保代码结构完整性与可读性。

③ 统一使用空格缩进标准。应避免使用 Tab 字符进行缩进，因其在不同编辑器中可能呈现不同宽度，导致代码格式混乱。采用空格缩进可确保跨平台显示一致性，尤其在团队协作开发中，统一的缩进方式是代码规范化的基础要求。

④ 科学运用空行分隔逻辑单元。在函数定义、注释块与代码执行段之间插入空行，可有效提升代码的视觉层次感。这种“留白”艺术不仅使代码结构更清晰，还能帮助开发者快速定位功能模块，提高代码审查效率。

⑤ 严格执行单行单语句原则。每行代码应仅包含一条完整语句，禁止将多个操作合并为单行。这种做法可避免因代码折叠导致的逻辑混淆，尤其在调试阶段，单行单语句的格式能显著提高错误定位的准确性。

⑥ 规范运算符空格使用规则。在二元运算符两侧添加空格可增强代码可读性，但对于箭头运算符（如“->”）等特殊符号，应保持其与操作数的紧密连接，避免破坏操作语义的直观表达。

2. 命名规则

命名规则是指在对程序中的标识符（如模块、变量、函数、方法、过程、子程序等）命名时应当遵循的规则。

① 尽量采用有意义的名称命名。例如

```
a =1* W;
```

与

```
area=length* width;
```

这两个语句相比较，显然后者更容易让人理解。有意义的名称使源程序更易读和易理解，因此更容易维护。

② 虽然名称的长度无限制，但也不宜过长。太长的名称不仅增加编码的工作量，而且也容易出错，应选择精练且意义明确的名称。

③ 如果名称使用缩写，那么缩写规则应保持一致。

3. 注释

注释在编程实践中的核心价值体现在其对于代码可读性与协作效率的显著提升，尤其在多人协同开发的复杂场景中具有不可替代的作用。优秀的开发者不仅需要实现功能完备的代码逻辑，更需通过规范化的注释体系降低维护成本。注释体系的构建需遵循以下基本准则。

① 注释内容须保持明确的有效性，避免任何形式的冗余表述。注释的本质在于通过补充代码语义信息，帮助阅读者快速建立对程序逻辑的认知框架。无效注释不仅无法提供增量信息，反而可能因与代码逻辑脱节引发理解歧义。在代码迭代过程中，需同步更新注释内容，确保其与代码实现保持语义一致性，这种动态维护机制是注释体系可持续性的关键保障。

② 注释类型需根据功能定位进行科学划分。序言性注释作为程序模块的元数据载体，应系统呈现模块功能定义、接口规范、变量约束及开发履历等核心信息，通过标准化模板实现模块边界的清晰界定。功能性注释则需聚焦于程序段的功能说明，采用“行为描述”而非“实现解释”的表述策略，避免与代码实现细节产生语义重叠。这种类型区分的核心目标是建立注释内容与代码逻辑的互补关系，而非简单重复。

③ 命名规范与注释体系存在协同优化空间。通过采用领域驱动的命名策略，使标识符本身具备自解释能力，可有效降低对补充注释的依赖程度。合理的命名设计应兼顾语义清晰性与表达简洁性，在变量命名、函数封装、模块划分等层面建立统一的命名范式，形成代码内在的语义网络。

④ 注释格式的标准化是注释体系可维护性的基础保障。通过建立统一的注释语法规范，包括缩进规则、分隔符使用、标签体系等，可显著提升注释内容的结构化程度。这种格式一致性不仅有利于代码审查的自动化实施，更能降低跨团队协作时的理解成本，形成注释体系的规模效应。

4. 输入/输出

输入与输出作为用户与系统交互的核心界面，其实现机制直接影响着用户对系统的接受度与满意度。输入/输出设计的核心目标在于提升用户体验，这要求输入/输出的方式与格式必须高度贴合用户操作习惯，确保系统的易用性与可访问性。因此，在系统输入/输出设计过程中，用户友好性应被置于首要考量位置，成为衡量设计优劣的关键指标。

输入/输出模式的选择与实现深度关联着人机交互的效能。批处理输入/输出模式下，逻辑输入的合理组织、高效的错误检测机制、强大的错误恢复能力以及清晰合理的输出呈现，是保障系统稳定运行与数据准确性的基石。而交互式输入/输出则更侧重于输入流程的简洁性与引导性、全面的错误校验与恢复机制，以及输入输出格式的高度一致性，以促进用户操作的流畅性与直观性。

无论是批处理还是交互式输入/输出，设计过程中均需严格遵循一系列原则。

① 实施全面的数据验证，确保输入数据的准确性与合规性，如设定身份证号字段的输入规范，确保其非空且符合 18 位数字格式。

② 严格审查输入项组合的逻辑合理性，防范潜在的数据冲突。

③ 采用简洁直观的输入格式与步骤，减少用户操作负担。

④ 利用数据结构标记自动管理数据数量，避免用户手动指定；在交互式输入中，明确提示输入要求，详尽说明可选范围与边界条件。

⑤ 保持输入格式与程序设计语言格式的一致性，以减少格式转换错误。

⑥ 精心设计输出报表，确保信息呈现的清晰与准确。

⑦ 为所有输出数据添加标识，增强数据的可识别性与可追溯性。

5. 程序结构

程序结构应当力求简单、清晰，不可为了追求效率而使语句复杂化。程序结构设计应遵循以下原则。

① 尽量避免使用复杂的条件测试。

② 尽量减少对“非”条件的测试。

③ 避免过多使用循环嵌套和条件嵌套。

④ 利用括号使逻辑表达式和算术表达式的运算次序清晰、直观。

⑤ 尽可能使用库函数。

二、程序效率与性能分析

程序的效率是指程序的执行速度及程序所需占用内存的存储空间。程序编码是最后提高运行速度和节省存储的机会，因此在此阶段不能不考虑程序的效率。程序效率需明确这些准则：

① 效率是一个性能要求，应当在需求分析阶段给出，软件效率以需求为准，不应以人力所及为准；

② 好的设计可以提高效率；

③ 程序的效率与程序的简单性相关。

一般说来，任何对效率无重要改善且对程序的简单性、可读性和正确性不利的程序设计方法都是不可取的。

1. 算法对效率的影响

源程序效能与详细设计环节所确立的算法效能之间存在紧密关联。在将详细设计转化为源程序代码后，算法效能直观体现于程序执行速率及存储空间占用需求。此转化进程需遵循一系列指导性原则。

① 于编程启动前，需对算术表达式与逻辑表达式实施最大程度简化，以减少计算冗余，提升执行效率。

② 针对算法中嵌套循环结构，应进行细致审查，尽可能将循环体内可外移的语句或表达式移至循环外部，从而降低循环内部计算负担，加快执行速度。

③ 应规避多维数组的过度使用，因其可能导致内存访问复杂度上升，影响程序性能。

④ 指针与复杂表结构的运用亦需谨慎，此类结构易引发内存管理问题及计算效率下降，应尽可能以更高效的数据结构替代。

⑤ 算术运算应优先选用高效算法，如快速幂、快速乘法等，以缩短运算时间。

⑥ 数据类型使用需保持一致性，避免表达式中数据类型混杂，以防类型转换带来的额外计算开销。

⑦ 整数算术表达式与布尔表达式因其计算效率高，应作为首选表达形式。

⑧ 在算法选择上，应倾向于等效但效率更高的算法，以提升程序整体性能。

现代编译程序普遍具备优化功能，能够自动生成高效目标代码。其优化手段包括消除重复计算、采用循环优化策略、实施快速算术运算以及应用高效算法等，均旨在提升目标代码执行效率。对于追求极致效率的应用场景而言，此类编译程序展现出显著优势。

2. 影响存储器效率的因素

在当代计算机技术架构体系内，存储资源的物理容量已突破传统瓶颈制约，形成相对充裕的供给格局。在此技术背景下，依托操作系统分页机制构建的虚拟存储管理体系，为软件系统开辟了近乎无限的逻辑地址空间，其核心价值在于通过动态映射机制实现存储资源的灵活调配。值得注意的是，该机制并非以压缩实际存储占用量为优化目标，而是侧重于通过高效的空间分配策略提升系统整体效能。

从程序设计维度分析，采用结构化设计范式将软件系统解构为逻辑自洽的功能模块，能够形成与分页机制相适配的存储布局。当模块粒度与内存页帧容量形成合理匹配关系时，可有效抑制页面置换频率，降低主存与辅存之间的数据交互强度。这种基于模块化与分页机制的协同优化策略，通过减少无效的存储访问开销，直接提升了系统存储资源的利用效率，为软件系统性能优化提供了具有实践价值的实现路径。

3. 影响输入/输出的因素

输入与输出机制通常可划分为两大类别：一是面向操作人员的交互界面，二是面向硬件设备的控制接口。当操作人员能够以极简化的操作流程完成数据录入，或通过直观的界面设计快速获取反馈信息时，此类面向用户的输入/输出系统即被认定为具备高效性。而面向设备的输入/输出优化则涉及更为复杂的技术考量，在系统设计与程序实现层面，可遵循以下提升效能的核心准则。

① 严格控制输入/输出请求的调用频率，通过减少不必要的交互次数降低系统开销。

② 为所有输入/输出通道配置合理规模的缓冲区域，以缓解设备间频繁的数据交换压力。

③ 针对磁盘等辅助存储设备，应优先采用结构简洁且满足性能需求的存取算法。

④ 对辅助存储的读写操作应采用数据块批量传输模式，避免逐字节处理导致的效率损耗。

⑤ 终端设备与打印设备的输入/输出设计需充分考虑硬件特性，通过针对性优化提升信息处理质量与响应速度。

⑥ 任何偏离实际应用场景、对输入/输出性能提升无实质贡献的技术方案均应予以摒弃。

⑦ 不可为追求极端性能指标而牺牲程序的可维护性与可读性。

⑧ 规范的输入/输出编码风格对系统整体性能优化具有显著的促进作用。

第三节　软件测试及其测试用例设计

软件测试是在软件投入生产性运行之前，对软件需求分析、设计规格说明和编码的最终复审，是软件质量控制的关键步骤。如果给软件测试下定义的话，可以这样讲：软件测试是为了发现错误而执行程序的过程。或者说，软件测试是根据软件开发各阶段的规格说明和程序的内部结构而精心设计一批测试用例（即输入数据及其预期的输出结果），并利用这些测试用例去运行程序，以发现程序错误的过程。

一、软件测试的对象

软件测试并非狭隘地等同于程序测试，而应贯穿于软件定义与开发的整个生命周期。在此过程中，从需求分析、概要设计、详细设计到程序编码等各个阶段所生成的文档资料，包括需求规格说明、概要设计规格说明、详细设计规格说明以及源程序等，均应纳入软件测试的范畴。软件测试不应仅局限于程序测试的层面，而忽视其他阶段的重要性。

鉴于软件定义与开发各阶段之间紧密相连，若前一阶段出现的问题未能及时解决，势必会对后续阶段产生不良影响。源程序测试中发现的错误，并非全部源于程序编写过程，因此不能简单地将程序错误归咎于程序员。根据相关统计数据，软件错误中需求分析和软件设计方面的错误占比显著高于程序编写方面的错误。

实际上，在程序测试之前，软件开发已历经多个环节，每个环节均存在出现问题的可能性。为确保各环节的正确性，必须开展一系列确认与验证工作。确认工作旨在证实软件在特定外部环境下的逻辑正确性，涵盖需求规格说明的确认及程序的确认，其中程序确认又可细分为静态确认与动态确认。静态确认通常不涉及程序的实际执行，而是通过人工分析或程序正确性证明来验证程序正确性；动态确认则主要借助动态分析和程序测试来检查程序执行状态，以确认程序是否存在问题。一般而言，软件确认意味着软件产品已满足用户在开发初期所提出的使用要求。

验证工作致力于证明软件在生存期各阶段及阶段间的逻辑协调性、完备性和正确性。确认与验证工作均属于软件测试的重要组成部分。在验证需求理解与表达、设计与表达、实现以及运行正确性的过程中，任何环节出现的问题均可能在软件测试中得以体现。因此，全面、系统地开展软件测试工作，对于确保软件质量具有重要意义。

二、测试信息流

测试流程的推进依赖于三大核心要素的协同作用：①软件配置资源，涵盖需求规格说明文档、设计架构文档及源代码体系等，这些要素共同构成软件产品的逻辑基础与实现载体；②测试配置体系，包括测试策略规划文档、测试用例集及测试执行驱动模块等，该体系作为软件配置的子集，通过标准化设计保障测试覆盖的完整性与可重复性；③测试工具矩阵，其通过自动化测试数据生成、静态/动态分析引擎、结果解析模块及测试数据库等组件，实现测试效率的指数级提升，有效降低人工操作误差。

测试执行阶段的核心环节在于结果比对验证，即通过将实际输出与预期输出进行结构化对比，识别潜在偏差。当检测到异常时，需启动缺陷修复流程，该流程包含错误定位、性质判定、代码修正及文档同步更新等标准化步骤。修正后的软件版本需通过回归测试验证，确保缺陷已消除且未引入新风险。此过程形成“测试-修正-再测试”的闭环机制，保障软件质量的持续改进。

基于测试数据的深度分析，可构建软件可靠性增长模型，该模型通过缺陷密度、修复效率等指标量化评估软件质量。若频繁出现需架构调整的严重缺陷，则表明质量管控存在系统性风险，需扩大测试范围；反之，若缺陷集中于局部且易于修复，则可初步判定质量达标，但仍需警惕测试充分性不足的潜在风险。

测试阶段若未发现缺陷，往往预示着测试用例设计存在覆盖盲区，导致隐蔽缺陷遗留。此类缺陷的后期修复成本将呈现指数级增长，较开发阶段提升 40%～60%。因此，建立覆盖全生命周期的质量保障体系，强化测试用例的完备性审查，是控制缺陷逃逸率、降低维护成本的关键路径。

三、黑盒测试与白盒测试

黑盒测试与白盒测试是软件测试方法中两种相对的方法。对于不同的程序、开发软件应使用不同的测试方法对其进行测试。用何种测试方法主要取决于软件产品的功能设计、逻辑设计等❶。

1. 黑盒测试

黑盒测试聚焦于软件的外部行为表现，将测试对象视为一个封闭系统，测试人员无需了解其内部实现细节，仅依据软件需求规格说明书来验证软件功能是否符合预期。此方法旨在揭示软件功能实现中的不完整或错误之处，包括功能缺失、输入输出处理不当、数据结构异常、外部资源访问失败、性能瓶颈以及初始化或终止阶段的错误等。为实现这一目标，黑盒测试需构建覆盖所有可能输入与输出场景的测试数据集，以确保软件在各种条件下均能输出正确结果。

2. 白盒测试

白盒测试是对软件内部逻辑结构的深度剖析，将测试对象视为一个透明或可完

❶ 妥泽花．基于黑盒测试与白盒测试的比较探究［J］．电子世界，2021(11)：55.

全解析的系统，测试人员可利用程序内部信息设计测试用例，对所有逻辑路径进行详尽测试。通过对比程序实际执行状态与预期状态，白盒测试能够发现软件内部逻辑错误，如路径覆盖不全、条件判断偏差、循环边界处理不当以及内部的数据结构失效等问题。尽管白盒测试提供了对软件内部机制的深入洞察，但在面对复杂程序结构时，完全穷举所有可能的执行路径往往是不切实际的。这不仅因为独立路径的数量可能呈指数级增长，而且即便执行了详尽的白盒测试，也无法绝对保证软件无缺陷。因此，在实际操作中，测试人员需根据项目限制条件，如时间、成本及人力资源等，精心策划测试策略，从海量可能的测试用例中精选出最具代表性的测试数据，以期在有限测试范围内最大化错误检测效率。

四、黑盒测试的测试用例设计

黑盒测试用例设计的理论基础主要建立在需求分析和等价类划分等概念之上。需求分析是测试用例设计的起点，通过深入理解软件的功能需求和非功能需求，测试人员能够明确测试的目标和范围，为后续的测试用例设计提供依据。

（一）黑盒测试测试用例设计的常用方法

1. 等价类划分法

等价类划分法是黑盒测试中最常用的测试用例设计方法之一。等价类划分可以分为有效等价类和无效等价类。有效等价类是指对于程序的规格说明来说是合理的、有意义的输入数据构成的集合，用于检验程序是否实现了规格说明中所规定的功能和性能。无效等价类则是指对于程序的规格说明而言不合理或者无意义的输入数据构成的集合，用于检查程序是否能够正确地处理异常情况。在设计测试用例时，需要同时考虑有效等价类和无效等价类，以确保测试的全面性。

2. 边界值分析法

边界值分析法是对等价类划分法的一种补充，它基于大量的测试实践表明，大量的错误往往发生在输入定义域或输出值域的边界上。因此，边界值分析法着重测试输入或输出的边界值，选取正好等于、刚刚大于或刚刚小于边界的值作为测试数据。这种方法能够有效地发现程序中由于边界条件处理不当而引发的错误，提高测试的针对性。

3. 因果图法

因果图法是一种适合于描述多种输入条件组合的测试方法。它通过建立输入条件与输出结果之间的因果关系，分析输入条件的各种组合情况，从而设计测试用例。因果图法能够清晰地展示输入条件之间的逻辑关系以及它们对输出结果的影响，有助于测试人员全面考虑各种可能的输入组合，避免遗漏重要的测试场景。

4. 判定表驱动法

判定表驱动法是基于判定表的一种测试用例设计方法。判定表由条件桩、动作桩、条件项和动作项四部分组成，它能够将复杂的逻辑关系以表格的形式清晰地表示出来。在设计测试用例时，测试人员根据判定表中的每一列规则，确定相应的输入条件和预期输出结果，从而生成测试用例。判定表驱动法适用于处理判断条件较多、各条件相互组合且有多种决策方案的情况，能够有效地提高测试用例的设计效率和可读性。

5. 正交排列法

正交排列法是一种科学的试验设计方法，它从大量的试验数据中挑选适量的、有代表性的点，从而合理地安排测试。在黑盒测试中，当存在多个控件输入且每个控件输入有多个取值时，需要考虑不同控件不同取值的组合情况。正交排列法通过使用正交表来安排测试，能够以最少的测试用例达到最高的测试覆盖率，特别适用于控件组合数量庞大而从代码角度又没有必要全部测试的情况。

（二）黑盒测试测试用例设计的应用实践

在实际的软件测试项目中，黑盒测试用例设计需要结合具体的需求和项目特点进行灵活应用。首先，测试人员需要深入理解软件的功能需求和非功能需求，明确测试的目标和范围。随后，根据需求分析的结果，选择合适的测试用例设计方法，如等价类划分法、边界值分析法等，对输入域进行划分，确定测试用例的输入数据。接着，根据软件的规格说明书和预期输出结果，确定每个测试用例的预期输出。最后，对生成的测试用例进行评审和优化，确保测试用例的全面性、有效性和可维护性。

在测试用例的执行过程中，测试人员需要严格按照测试用例的步骤进行操作，记录测试结果，并对实际输出结果与预期输出结果进行比较。如果发现实际输出结果与预期输出结果不一致，则需要记录缺陷，并及时通知开发人员进行修复。在缺陷修复后，测试人员需要使用相同的测试用例进行回归测试，以确保缺陷已经得到正确修复，并且没有引入新的问题。

五、白盒测试的测试用例设计

白盒测试的测试用例设计建立在深入理解被测软件代码结构的基础之上。这要求测试人员具备扎实的编程知识、对软件架构的清晰认知以及丰富的测试经验。测试人员需要详细分析代码的控制流图、数据流图等，明确代码中的各个模块、函数、分支、循环等逻辑结构。只有充分掌握代码的内部细节，才能设计出具有针对性的测试用例，确保对代码的各个部分进行全面覆盖。例如，对于代码中的条件判断语句，测试人员要了解其包含的条件组合以及可能的取值情况，以便设计出能够触发不同条件分支的测试用例。

（一）白盒测试测试用例设计的常用方法

1. 控制流测试

控制流测试是基于控制流图设计测试用例的方法。控制流图是一种用于表示程序控制结构的图形，它由节点和边组成，节点代表程序中的语句或语句块，边表示控制流的转移方向。通过分析控制流图，测试人员可以确定程序中的关键路径、分支和条件，从而设计出能够覆盖这些逻辑结构的测试用例。例如，对于一个包含多个分支和循环的程序，测试人员可以根据控制流图找出所有可能的执行路径，然后设计测试用例来覆盖这些路径，确保每个分支和条件都能被测试到。

2. 数据流测试

数据流测试是基于变量的定义和使用关系设计测试用例的方法。它关注变量在程序中的定义、使用和赋值情况，通过分析数据流图来确定变量在不同位置的状态和取值。数据流测试可以帮助发现变量在使用前未定义、变量定义后未使用、变量赋值错误等问题。例如，如果一个变量在某个分支中被定义，但在另一个分支中被使用，而这两个分支之间没有必然的执行顺序，那么就可能导致变量在使用时取值不正确。通过数据流测试，可以设计出针对这些问题的测试用例，提高软件的正确性。

3. 边界值分析

边界值分析是针对输入数据的边界值设计测试用例的方法。在软件开发中，很多错误都发生在输入数据的边界处。例如，对于一个接收整数输入的程序，输入范围为 1 到 100，那么边界值就包括 0、1、100 和 101。通过设计测试用例来测试这些边界值，可以发现程序在边界情况下的处理是否正确。边界值分析可以与其他测试方法结合使用，提高测试用例的有效性。

4. 等价类划分

等价类划分是将输入数据划分为若干等价类的方法，每个等价类中的数据被认为是等效的，然后从每个等价类中选取少数具有代表性的输入数据作为测试用例。这种方法可以减少测试用例的数量，同时覆盖所有可能的输入情况。例如，对于一个接收字符串输入的程序，输入字符串的长度范围为 1 到 100 个字符，那么可以将输入字符串划分为长度小于 1、长度在 1 到 100 之间、长度大于 100 三个等价类，然后从每个等价类中选取一个代表性的字符串作为测试用例。

（二）白盒测试测试用例设计的实施步骤

白盒测试的测试用例设计的实施是一个系统化的过程，包括多个步骤。首先是分析代码阶段，测试人员需要仔细分析软件的源代码，了解其内部结构和工作原理。这包括对代码的控制流、数据流、函数调用关系等进行深入分析，绘制控制流图、数据流图等图形，以便更好地理解代码的逻辑结构。

确定测试目标是设计测试用例的重要前提。根据代码分析结果，测试人员需要明确需要测试的逻辑路径和循环结构，确定测试的重点和范围。例如，如果代码中存在一个复杂的循环结构，那么测试目标就可能包括确保循环的正确性、循环次数的准确性等。

设计测试用例是白盒测试测试用例设计的核心步骤。根据逻辑覆盖原则和循环测试原则，结合控制流测试、数据流测试、边界值分析、等价类划分等方法，设计详细的测试用例。测试用例应包括输入数据、预期输出、执行步骤等信息，确保测试用例的完整性和有效性。

编写测试脚本是将设计好的测试用例编写成自动化测试脚本的过程。自动化测试可以提高测试效率和准确性，减少人工测试的工作量。测试脚本应能够正确模拟输入并验证输出，对测试脚本进行调试，确保其能够正确运行。

运行测试是执行测试脚本，收集测试结果的过程。在运行测试过程中，需要记录测试结果，包括通过、失败或阻塞的用例，并对测试结果进行分析。如果发现缺陷，需要使用缺陷跟踪工具记录发现的缺陷，详细描述缺陷的步骤、预期结果和实际结果。

修正错误是根据测试结果，修正代码中的错误的过程。开发团队修复缺陷后，需要执行回归测试，确保问题已解决且未引入新问题。重新运行受影响的测试用例，验证修复效果。

第四节　软件测试策略与测试方法

一、软件测试的策略

常规软件测试流程通常遵循四个核心步骤有序推进，即单元测试、集成测试、确认测试与系统级测试。

单元测试阶段聚焦于源代码层级的程序单元验证，通过白盒测试技术确保每个独立模块的功能实现与预期设计规范完全吻合，该环节可有效识别模块内部的功能性缺陷与边界条件处理问题。

集成测试阶段进入模块组合验证阶段，重点检验子系统间的接口兼容性与交互逻辑，采用黑盒测试与白盒测试相结合的方法，验证软件体系结构的动态行为是否符合设计模型。此阶段需特别关注数据流传递的正确性、异常处理机制的完备性以及模块耦合度的合理性。

验证测试作为质量确认的关键环节，通过需求追溯矩阵验证软件功能是否全面覆盖需求规格说明中的功能点与非功能需求，同时核查配置项的完整性（包括源代码、文档、测试用例等）。该阶段采用动态测试与静态审查相结合的方式，确保软件产品符合质量基准要求。

系统级测试作为测试流程的终极环节，将软件置于真实运行环境中进行全要素验证，重点考查软件与硬件、操作系统、网络环境等外部要素的协同工作能力。尽管此阶段涉及系统工程的交叉领域，但通过构建模拟生产环境的测试平台，可有效控制测试边界，实现软件工程目标与系统集成目标的有机统一。这种分层递进的测试策略，既保障了软件产品的质量可控性，又为系统级验证提供了可靠的测试基线。

（一）单元测试

单元测试又称模块测试，是针对软件设计的最小单位——程序模块进行正确性检验的测试工作。其目的在于发现各模块内部可能存在的各种差错。单元测试需要从程序的内部结构出发设计测试用例，多个模块可以平行地独立进行单元测试。编写单元测试就是用来验证这段代码的行为是否与程序员期望的一致。有了单元测试，程序员可以自信地交付自己的代码[1]。

1. 单元测试的内容

在单元测试时，测试者需要依据详细设计说明书和源程序清单，了解该模块的I/O条件和模块的逻辑结构，主要采用白盒测试方法设计测试用例，辅之以黑盒测试的测试用例，使之对任何合理的输入和不合理的输入，都能鉴别和响应。这要求对所有局部的和全局的数据结构、外部接口和程序代码的关键部分，都要进行桌面检查和严格的代码评审。单元测试工作需要在5个方面对被测模块进行检查。

① 模块接口检验环节。在模块测试的初始阶段，需重点检验模块间的数据交互准确性。数据传输的精确性是后续测试的基础，因此，应着重验证以下内容：模块调用时输入参数与形式参数的匹配性、模块间参数传递的一致性、仅输入用途参数的完整性、全局变量定义的统一性，以及限制条件的传递规范性。针对通过外部设备实现输入/输出操作的模块，还需增加以下检验项目：文件属性的合规性、文件操作语句的正确性、输入/输出格式说明与语句的匹配性、缓冲区容量与记录长度的适配性、文件操作的打开与关闭状态，以及输入/输出错误的检测与处理机制。

② 局部数据结构验证过程。模块的局部数据结构是错误的主要来源之一，因此需设计专项测试用例以识别以下潜在错误：数据类型定义的正确性与一致性、变量赋值与初始化的完整性、初始值与缺省值的准确性、变量命名的规范性以及数据类型的统一性。同时，需关注全局数据对模块局部数据的影响，确保模块间数据交互的准确性。

③ 执行路径覆盖分析。通过设计合理的测试用例，可对模块的关键执行路径进行全面覆盖测试。此过程旨在发现由计算错误、比较逻辑失误或控制流异常导致的程序缺陷。重点测试基本执行路径与循环结构，以揭示潜在路径错误。计算错误可能源于运算优先级误解、运算对象类型不兼容、算法设计缺陷、初始化不当、精度损失或符号表达错误。比较与控制流错误则可能表现为数据类型不匹配、逻辑运算符误用、浮点数精度问题、关系表达式错误、循环次数偏差、终止条件不当，以及循环变量的非预期修改。

④ 错误处理机制评估。完善的模块设计应具备错误预判与处理能力，确保程序在异常情况下仍能保持逻辑正确性。当出现错误描述难以理解、错误定位信息不足、错误显示与实际不符、错误处理逻辑错误或错误条件引发系统干预等情形时，表明模块的错误处理功能存在缺陷。因此，需对错误处理机制进行全面评估，确保其有效性与可靠性。

⑤ 边界条件专项测试。边界条件是错误的高发区域，如循环次数达到上限、取极值操作等场景。因此，需对数据流与控制流中的边界值进行重点测试，验证其等于、大于或小于特定比较值时的稳定性。通过精心设计的测试用例，可有效发现

[1] 侯艳芳，楚书来．软件单元测试应用研究及案例分析［J］．计算机光盘软件与应用，2012(4):24.

并修正边界条件错误。此外，若模块对运行时间有特定要求，还需进行关键路径测试，以评估最坏情况与平均情况下的性能表现，为性能优化提供数据支持。

综上所述，模块测试作为软件开发流程中的关键环节，具有规模可控、错误定位准确、纠错效率高等优势。通过全面覆盖模块接口、局部数据结构、执行路径、错误处理及边界条件等测试维度，可为后续集成测试与系统测试奠定坚实基础，从而提升软件产品的整体质量与可靠性。

2. 单元测试的步骤

通常而言，单元测试的实施阶段集中于编码环节。在源程序代码完成编制并通过评审与验证、确认无语法错误后，即可开展测试用例的设计工作。基于设计文档，可构建一系列旨在验证程序功能并识别潜在错误的测试用例。针对每组输入数据，需预先设定预期的正确输出结果。

鉴于模块并非独立运行的程序实体，在测试过程中需综合考虑其与外部环境的交互关系。为此，需借助辅助模块模拟与被测模块存在关联的其他模块。这些辅助模块可划分为两类：一为驱动模块，功能类似于被测模块的主程序，负责接收测试数据、传输至被测模块并输出实际测试结果；二为桩模块，亦称存根模块，用于替代被测模块所调用的子模块。桩模块可执行有限的数据操作，无需涵盖子模块的全部功能，但需避免完全无实质性操作。被测模块与其关联的驱动模块及桩模块共同构成一个完整的测试环境。尽管驱动模块与桩模块的编写会增加测试工作的额外成本——因其不作为最终交付产品的一部分且需投入一定工作量，但桩模块的构建尤为复杂，不能仅提供简单的“已调用”反馈，而需模拟实际子模块的功能特性。

模块的内聚性水平对单元测试的简化具有显著影响。当模块专注于单一功能实现时，所需测试用例的数量将显著减少，且模块内部的错误更易于预测和定位。然而，在实际开发中，包含多种功能的模块以程序包形式存在的情况并不罕见，如Ada语言中的包或C＋＋中的类。在此类情况下，可将模块视为由多个子程序组成的集合，需对每个子程序分别执行单元测试流程，并对关键模块实施性能测试。对于遵循特定标准规则的程序，还需开展互联测试。此类测试活动虽在命名上可能与传统单元测试存在差异，但本质上仍属于模块级测试的范畴，对保障软件质量具有重要价值。

（二）集成测试

集成测试，亦称为组装测试或联合测试，是软件开发流程中不可或缺的一环。在顺利完成单元测试之后，需将各个独立模块依据既定设计规范进行系统集成。此阶段需着重关注这些核心问题：①模块间数据交互时，接口数据传输的完整性与准确性，避免数据丢失或失真；②各模块功能的独立性与协同性，确保单一模块的功能变动不会对其他模块产生负面影响；③子功能集成后，系统整体功能的实现是否符合预期设计目标；④全局数据结构的合理性与稳定性，防范因数据结构缺陷导致的系统异常；⑤累积误差的控制，防止局部误差在系统层面被放大至不可接受的程度。

鉴于此，同步推进单元测试与集成测试，有助于在模块集成阶段及时发现并解决潜在问题，从而确保最终构建的软件系统符合质量标准。在模块集成策略的选择上，需综合考虑测试用例设计、测试工具适配性、模块集成顺序及测试成本等多重因素。当前主流的模块集成方式主要包括一次性组装与增殖式组装两种模式，二者各具特点，需根据项目具体需求进行合理选用。

1. 一次性组装方式

一次性组装方式是一种非增殖式组装方式，也叫作整体拼装。使用这种方式，首先对每个模块分别进行模块测试，然后再把所有模块组装在一起进行测试，最终得到要求的软件系统。

2. 增殖式组装方式

增殖式组装方式又称渐增式组装，首先是对一个个模块进行模块测试，然后将这些模块逐步组装成较大的系统，在组装的过程中边连接边测试，以发现连接过程中产生的问题。最后通过增殖逐步组装成为要求的软件系统。增殖组装有以下三种做法。

① 自顶向下的增殖组装方式。自顶向下的模块增殖组装策略遵循系统程序结构框架，沿控制层级自上而下实施模块集成。其操作流程包含以下四个核心步骤。

a. 以顶层主模块作为初始测试对象并兼任驱动模块，其直属下级模块暂由桩模块替代，完成主模块功能验证。

b. 采用深度优先或宽度优先的集成策略，逐步以真实模块替换已验证的桩模块，同时为新模块生成替代桩模块，形成渐进式子系统扩展。

c. 通过回归测试机制对已集成模块进行全面或部分复测，确保集成过程未引入新缺陷。

d. 依据模块集成完备性判断测试终止条件，未完成则重复迭代集成过程。

该策略的优势在于能早期验证核心控制逻辑与决策节点，在合理划分的程序架构中，高层判断逻辑的优先验证可显著降低后期返工成本。当采用深度优先集成时，可优先实现完整软件功能的端到端验证。然而，该策略面临逻辑顺序依赖问题，在高层模块测试依赖低层模块输出时，需通过桩模块模拟实现，其开发策略需根据具体场景灵活调整。为确保测试有效性，桩模块应精确模拟子模块接口规范与功能特性，避免采用仅含返回语句或信息提示的空壳模块。

② 自底向上的增殖组装方式

自底向上的模块增殖组装策略从程序架构的最底层模块启动集成过程，利用已完成测试的子模块功能实现向上层模块的渐进扩展。该策略因低层模块已通过单元测试，故在高层模块集成时无需桩模块支持，测试所需数据可直接通过子模块运行获取。其操作流程包含以下四个关键步骤。

a. 通过驱动模块实现底层模块的并行测试，或组合底层模块形成功能簇进行集成测试。

b. 以真实模块替换驱动模块，与已验证的直属子模块构建子系统。

c. 为新生成的子系统配置驱动模块，开展系统级测试。

d. 依据集成完整性判断测试终止条件，未完成则继续迭代集成过程。

该策略要求为每层待测模块或子系统开发专用驱动模块，但随着集成层级的提升，驱动模块的需求量显著减少。若对程序架构顶层的两级模块采用自顶向下策略，可进一步压缩驱动模块数量，并简化多子系统集成阶段的工作量。这种混合策略通过结合两种方法的优势，既保证了底层模块的充分验证，又优化了高层模块的集成效率。

③ 混合增殖组装方式。自顶向下与自底向上两种模块增殖策略，在软件开发测试领域均展现出鲜明的利弊特征，二者形成功能互补的辩证关系。

从缺陷维度分析，自顶向下策略的核心挑战在于桩模块构建的复杂性，当被测模块向桩模块发送调用信息时，桩模块需精准模拟实际子模块的响应逻辑，这种模拟行为在处理复杂算法或真实I/O交互时，极易引发模拟偏差，导致测试前置阶段的验证失效。更严峻的问题在于，底层关键模块的缺陷往往被延迟至集成测试后期暴露，这种“冰山效应”将迫使测试团队执行大规模回归验证，显著增加测试成本。

自底向上策略虽规避了桩模块困境，却衍生出新的控制流测试短板。由于系统雏形直至集成末期方才显现，测试团队在前期难以对全局控制逻辑进行验证，这种“黑箱效应”可能掩盖架构级缺陷。但该策略在错误定位效率方面具有显著优势：通过优先测试底层复杂模块，可实现缺陷的早期收敛；同时驱动模块的构建难度低于桩模块，且支持多模块并行测试机制，使测试资源利用率提升30%～50%（基于行业实践数据）。

现代软件工程实践已形成混合增殖范式，通过策略融合实现优势互补。具体实现路径包括：采用分层测试策略，对输入/输出模块及算法模块实施强化测试后，自底向上构建独立子系统，再通过自顶向下方式验证子系统集成；针对读写混合型系统，实施读写分离的双向集成策略，先完成读操作子系统的自底向上构建，再开展写操作子系统的自顶向下验证；对于迭代开发场景，运用回归测试方法，先对变更模块进行自顶向下验证，再通过自底向上方式验证子系统级接口适配性。这些综合策略已形成标准化实施框架，在金融、电信等关键领域得到广泛应用，使系统级缺陷检出率提升40%以上，充分验证了混合增殖策略的有效性。

3. 集成测试的组织和实施

集成测试作为软件工程领域内一项至关重要的正规测试流程，其执行需经过周密策划，并与单元测试的时间节点紧密衔接，以确保整体测试活动的连贯性与高效性。在规划集成测试方案时，需综合考量以下几个核心要素。

① 明确所采纳的系统集成策略，即选择最适合当前项目特性的集成测试方法论，以指导后续测试活动的有序开展。

② 细致规划模块间的集成顺序，确保各模块在集成过程中的兼容性与协同性，从而避免因集成顺序不当而引发的潜在问题。

③ 评估模块代码编写与单元测试的进度安排，确保其与集成测试的时间规划相匹配，以维护整个开发周期的节奏平衡。

④ 审视测试环境是否需要特殊硬件支持，提前做好硬件资源的调配与准备，以保障测试活动的顺利进行。

在明确上述要点后，应构建详尽的模块开发与测试时间表，清晰标注各模块单元测试的完成节点、首次集成测试的启动时间、整体集成测试的收官日期，以及所需的测试案例与预期测试成果，为测试执行提供明确的指导框架。

集成测试工作圆满结束后，测试团队应承担起对测试结果的汇总与分析职责，编制详尽的测试报告。报告中应客观记录实际测试数据、测试过程中发现的问题、针对问题的解决方案及其验证结果，同时，还需指出当前尚未解决的技术难题及需管理层与开发团队共同关注的重点事项，为后续的测试评审与决策制定提供坚实的数据支撑与参考依据。

（三）确认测试

确认测试作为软件质量保障流程中的关键环节，其核心价值在于通过系统化验证机制确保软件产品与用户需求的高度契合性。该阶段通过多维度的技术评估，不仅验证软件功能与性能的准确性，更确保产品文档体系的完备性，为软件交付提供双重质量保证。

1. 进行有效性测试（黑盒测试）

在技术验证层面，有效性测试采用黑盒测试方法构建需求验证体系。该过程通过制定结构化测试计划，明确测试类型与覆盖范围，并设计可复现的测试用例集。测试执行需覆盖功能完整性、性能达标性、文档可用性三大维度，同时对可移植性、兼容性等非功能性需求进行专项验证。此过程确保软件特性与需求规格说明书的完全匹配，形成可量化的质量评估依据。

2. 软件配置复查

在文档验证层面，软件配置复查构建了全生命周期的文档质量管控机制。该环节通过双重审查机制保障文档体系完整：既需人工对照合同条款进行合规性审查，又需通过实际操作验证用户手册与操作手册的指导价值。审查过程中建立的缺陷追踪机制，可确保文档错误得到及时修正，并形成可追溯的修订记录。该机制与软件配置管理规范形成闭环，为软件维护提供完整的元数据支持。

3. α 测试和 β 测试

在软件产品完成开发并进入交付阶段后，开发者通常难以精确预判用户在实际操作中的使用模式与行为特征。用户群体在使用过程中可能产生对功能逻辑的认知偏差、处理非标准数据组合时的异常表现以及因个体认知差异导致的输出结果理解分歧等问题。

针对定制化软件项目，系统交付前需实施系统化的验收测试流程，由用户主导验证需求实现完整度。该测试既可以是简易的场景化试用，亦可发展为结构化的测试工程，其周期跨度通常在数周至数月之间。通过用户主导的验证机制，能够直接暴露开发方视角难以察觉的功能缺陷与交互盲区。

针对标准化软件产品，传统用户验收模式存在效率瓶颈，因此业界普遍采用

α-β双阶段测试体系。其中α测试阶段由核心用户或内部模拟用户在受控环境中执行，开发者伴随式观察记录功能异常与交互问题。该阶段聚焦产品FLURPS特性评估，尤其重视界面交互与功能特性的可用性验证。测试启动时机可根据开发阶段灵活选择，但需确保配套文档同步就绪。

β测试阶段则由真实用户群体在自然使用场景中开展，通过预发行协议构建外部测试网络。该阶段开发者采用非现场支持模式，用户需系统化反馈所有使用问题，开发者基于反馈数据进行迭代优化。此阶段重点转向产品支持性验证，包括文档完备性、客户培训体系及技术支持能力评估。作为最终质量防线，β测试需建立在α测试充分验证的基础上，其测试结论直接指导产品手册定稿与正式发布决策。

鉴于β测试对支持性验证的核心定位，建议由产品运营团队主导管理流程，确保测试结果与市场交付策略的有效衔接。该测试体系通过分阶段、分场景的验证机制，有效平衡了测试效率与质量保障需求，为软件产品的持续优化提供了科学路径。

4. 验收测试

在通过了系统的有效性测试及软件配置审查之后，应开始系统的验收测试。验收测试是以用户为主的测试。软件开发人员和QA（质量保证）人员也应参加。由用户参加设计测试用例，使用用户界面输入测试数据，并分析测试的输出结果。一般使用生产中的实际数据进行测试。在测试过程中，除了考虑软件的功能和性能外，还应对软件的可移植性、兼容性、可维护性、错误的恢复功能等进行确认。

有的验收测试完全由用户实施，开发组织及人员并不参与，只是在完成后发回验收测试的结果。

5. 确认测试的结果

在全部确认测试的测试用例运行完后，所有的测试结果可以分为以下两类。

① 测试结果与预期的结果相符，这说明软件的这部分功能或性能特征与需求规格说明相符合，也即这部分程序可以接受。

② 测试结果与预期的结果不符，这说明软件的这部分功能或性能特征与需求规格说明不一致，因此需要开列一份软件各项缺陷表或软件问题报告，通过与用户的协商，解决所发现的缺陷和错误。

（四）系统级测试

所谓系统级测试，是将通过确认测试的软件，作为整个计算机系统的一个元素，与计算机硬件、外设、某些支持软件、数据和人员等其他系统元素结合在一起，在实际运行（使用）环境下，对计算机系统进行一系列的集成测试和确认测试。

系统级测试的目的在于通过与系统的需求定义做比较，发现软件与系统定义不符或与之矛盾的地方。系统级测试的测试用例应根据系统的需求规格说明书设计，并在实际使用环境下运行。

（五）测试的类型

软件测试实际上由一系列不同的测试组成。尽管每种测试各有不同的目的，但是所有的工作都是为了证实全部系统元素组装正确，并且能够正确地执行为各自分配的功能。下面着重介绍几种软件的测试及它们与各个测试步骤的关系。

① 功能验证环节。功能验证作为软件测试的关键阶段，其核心任务是在特定时间周期内系统性地执行软件系统的各项功能模块，以全面评估系统是否存在功能性缺陷或严重错误。该过程通过模拟真实用户场景和边界条件，对软件功能的完整性、准确性和稳定性进行严格检验，确保系统能够按照设计要求正常运行。这一环节对于保障软件质量具有基础性作用，是后续测试阶段的重要前提。

② 回归验证机制。回归验证作为软件维护阶段的核心手段，其核心价值在于验证对软件系统的修改是否引入了新的缺陷，或是否破坏了原有功能的正确性。该机制通过重复执行关键测试用例，对比修改前后的系统表现，确保软件在迭代开发过程中仍能满足既定的需求规格说明。这一过程不仅保障了软件功能的稳定性，更体现了持续改进的质量管理理念，对于维护软件系统的长期可靠性具有重要价值。

③ 可靠性评估体系。当系统需求规格明确提出可靠性要求时，需构建科学的可靠性评估体系。该体系通常采用平均故障间隔时间（MTBF）与平均修复时间（MTTR）等量化指标，通过长期运行监测和数据分析，客观反映系统的可靠性水平。这一评估过程不仅为系统优化提供数据支撑，更通过持续改进机制提升系统的稳定性和可用性，对于关键领域软件系统的质量保障具有不可替代的作用。

④ 压力承载测试。压力承载测试（强度测试）旨在评估系统在极端运行环境下的极限性能表现。该测试通过模拟非正常资源负载条件，检验系统在资源超限状态下的稳定性和容错能力。其变种，敏感性测试，则聚焦于输入数据的临界范围，通过精准构造特定数据组合，揭示系统在极端输入条件下的潜在缺陷。这种双重测试机制有效提升了系统的鲁棒性，为应对复杂运行环境提供了重要保障。

⑤ 性能效能验证。性能验证作为软件质量评估的核心维度，其核心目标在于确保系统满足需求规格中的性能指标。特别是在实时系统和嵌入式系统中，性能达标与功能实现同等重要。该验证过程贯穿软件开发的各个阶段，从单元模块到完整系统，通过白盒测试与性能评估相结合的方式，构建多层次的性能验证体系。这一过程不仅保障了系统的运行效率，更为系统优化提供了量化依据。

⑥ 容错恢复验证。容错恢复验证聚焦于系统在硬件故障等异常情况下的自我修复能力。该验证通过模拟各类硬件故障场景，检验系统在故障发生时的错误探测、备用切换、状态保护及恢复执行等关键能力。当系统具备自动恢复机制时，需对恢复流程的每个环节进行精准验证；当需要人工干预时，则需评估修复效率是否满足业务连续性要求。这一验证过程为系统可靠性提供了最后一道防线，确保在极端情况下仍能维持核心业务连续性。

⑦ 启动与关机测试。此类测试涵盖了软件系统的反复启动操作，例如操作系统引导、网络启动以及应用程序调用等场景，同时亦包括在多种条件下执行关机操作。通过此项测试，可有效评估软件系统在启动与关机过程中的稳定性与可靠性，进而为系统的整体性能提供有力保障。

⑧ 配置测试。其测试范畴主要涵盖配置命令测试、循环配置测试以及修复测

试。配置命令测试着重验证全部配置命令的有效性，尤其针对最大配置与最小配置进行细致测试，涉及软件与硬件配置的双重检验。循环配置测试则致力于证明每次设备物理与逻辑、逻辑与功能的循环置换配置均能正常运作。修复测试则聚焦于检查每种配置状态及故障设备，并通过自动或手动方式实现配置状态间的转换。通过此项测试，可有效提升计算机系统的配置稳定性与可靠性。

⑨ 安全性测试。为实现此目标，需深入了解破坏安全性的方法与工具，并设计模拟测试用例对系统进行全面测试，力求突破系统保护措施以进入系统。在充分时间和资源保障下，优质的安全性测试应能最终突破保护，成功进入系统。因此，系统设计者需致力于增大进入系统的代价，确保进入代价远超进入系统后所获利益，从而有效提升系统的整体安全性。

⑩ 可使用性测试。此项测试要求用户界面在足够详细的程度下便于使用，输入量具备容错能力，响应时间与方式合理可行，输出信息有意义、正确且前后一致。同时，出错信息需能够引导用户有效解决问题，软件文档需全面、正规且确切。若产品面向国际市场，则需提供足够的译本。鉴于可使用性衡量具有一定主观性，因此必须以原型化方法等获取的用户反馈为依据，以确保测试结果的客观性与准确性。

⑪ 可支持性测试。其测试方法包括试运行支持过程（如错误修正过程、热线界面等），并对结果进行质量分析，评审诊断工具、维护过程及内部维护文档，衡量修复明显错误所需的平均最短时间。此外，在发行前将产品交付用户并提供支持服务计划，从用户处获取支持服务反馈，亦是一种常用的测试方法。通过此项测试，可有效评估系统支持策略的有效性，为系统的持续优化与升级提供有力支持。

⑫ 安装测试。在安装软件系统时，用户需进行多种选择，包括文件与程序库的分配与装入、适用硬件配置的布置以及程序的联结等。安装测试旨在揭示这些安装过程中可能出现的错误，确保软件系统的顺利安装与运行。对于大型系统而言，部分安装工作由软件自动完成，而其他工作则需由操作员、数据库管理员、终端用户等人员按一定规程与计算机配合完成。因此，指定由人工完成的过程亦需经过仔细检查，即过程测试，以确保安装过程的准确性与可靠性。

⑬ 互连性验证。互连性验证旨在确认两个或多个独立系统之间的有效连接与交互能力。此类验证对于遵循既定标准或明确声明具备与其他系统互连功能的软件系统尤为重要。通过实施此类验证，可以确保软件系统在集成环境中能够稳定、可靠地运行，从而提升整体系统的可用性和兼容性。

⑭ 兼容性评估。兼容性评估聚焦于检验软件产品在不同版本或相关产品间的协同工作能力。具体而言，兼容性评估涵盖两种核心类型：版本向下兼容性评估与交叉兼容性评估。版本向下兼容性评估侧重于验证软件新版本是否完整保留了早期版本的核心功能，确保用户能够无缝过渡至新版本；而交叉兼容性评估则聚焦于评估两个相互关联但存在差异的产品之间的协同运作效果，旨在保障系统间的高效互操作性。

⑮ 容量极限测试。容量极限测试旨在确定系统所能承受的最大负载阈值。测

试方法包括但不限于：针对编译程序，处理超长源码文件；针对操作系统，模拟作业队列满载状态；针对多终端分时系统，激活所有终端设备；针对信息检索系统，执行高频次查询操作，等。通过将系统资源推向极限状态，能够精准评估系统在极端条件下的稳定性和性能表现，为系统优化与容量规划提供关键数据支持。

⑯ 用户文档质量核查。用户文档质量核查聚焦于评估用户手册等配套文档的准确性与易读性。核查过程中需严格验证文档中所有示例的实际可操作性，确保技术描述与实际操作流程完全吻合。此类核查不仅有助于提升用户使用体验，更能通过消除信息误差，有效降低用户操作失误风险，从而保障系统整体效能的稳定发挥。

二、人工测试

人工测试不要求在计算机上实际执行被测程序，而是以一些人工的模拟技术和一些类似动态分析所使用的方法对程序进行分析和测试。

（一）静态分析

静态分析是对源程序进行静态检验。通常采用以下方法进行。

1. 生成各种引用表

在源程序编写完毕之后，生成多样化的引用表是辅助源程序静态分析的关键步骤。这些表格既可以通过人工手段从源程序中提取信息构建，也能够借助专业软件工具自动生成。基于功能差异，引用表主要划分为以下三类。

① 用于直接定位说明/使用错误。此类表格如循环层次表、变量交叉引用表及标号交叉引用表等，能够直观揭示程序中可能存在的逻辑错误或变量误用情况。

② 为用户提供程序结构与数据使用的辅助信息。这包括子程序（涵盖宏、函数）引用表、等价（变量、标号）表以及常数表等，有助于开发者快速理解程序模块间的调用关系、数据依赖及常量定义。

③ 作为错误预测与程序复杂度分析的工具。例如，操作符和操作数的统计表能够量化程序的操作密度，为优化代码结构提供数据支持。

具体而言，几种常用的引用表功能如下。

① 标号交叉引用表详尽列出了各模块中的所有标号，并标注其属性状态，如已声明、未声明、已使用、未使用等，同时区分模块内外的全局标号与计算标号，为程序流程控制提供清晰视图。

② 变量交叉引用表，即变量定义与引用表，不仅记录了变量的声明状态（已声明、未声明、隐式声明）及其类型信息，还进一步细分了变量的使用场景，如其是否参与赋值运算、是否属于特定类型变量（如 COMMON 变量、全局变量），增强了数据流分析的精确性。

③ 子程序、宏结构及函数表详细记录了每个程序单元的属性特征，包括定义状态、参数列表（含输入输出参数的数量、顺序、类型）以及引用情况，为程序模块化设计与复用提供了有力支持。

④ 等价表集中展示了等价或等值语句中的所有变量与标号，有助于识别程序中的冗余定义或潜在冲突。

⑤ 常数表全面列出了程序中的数字与字符常量，并标注其首次定义位置，为程序维护与常量管理提供了便利。

2. 静态错误分析

静态错误分析用于确定在源程序中是否有某类错误或“危险”结构。它有以下几种。

① 类型和单位分析。为了发现源程序中数据类型、单位上的不一致性，建立一些程序语言的预处理程序，分析程序中在“下标”类型及循环控制变量类型方面的错误，以及通过使用一般的组合/消去规则，确定表达式的单位错误。

② 引用分析。沿着程序的控制路径，检查程序变量的引用异常问题。

③ 表达式分析。对表达式进行分析，以发现和纠正在表达式中出现的错误。包括：a. 在表达式中不正确地使用了括号；b. 数组下标越界；c. 除式为零；d. 对负数开平方，或对 π 求正切值；e. 浮点数计算的误差。

④ 接口分析。检查接口的一致性错误。包括：a. 模块之间接口的一致性和模块与外部数据库之间接口的一致性；b. 过程、函数过程之间接口的一致性；全局变量和公共数据区在使用上的一致性。

（二）人工测试方法

静态分析中进行人工测试的主要方法有桌面检查、代码评审和走查。经验表明，使用这种方法能够有效地发现30%～70%的逻辑设计和编码错误。

1. 桌面检查

桌面检查是一种传统的检查方法，由程序员自己检查自己编写的程序。程序员在程序通过编译之后，进行单元测试设计之前，对源程序代码进行分析、检验，并补充相关的文档，目的是发现程序中的错误。检查项目有以下方面。

① 系统核查变量应用合规性，即验证变量声明完整性、类型匹配准确性，并逐行追踪变量引用路径，重点监测临时变量在特定执行流中的覆盖情况，同时评估局部变量、全局变量及特权变量的使用合理性，确保变量生命周期管理符合程序逻辑需求。

② 建立标号验证机制，通过静态分析确认所有标号命名符合编码规范，并验证跳转指令的目标地址与标号定义的一致性，避免因标号误用导致的程序逻辑错误。

③ 在模块化结构审查中，需建立调用关系图谱，通过静态调用分析技术验证子程序、宏结构及函数的调用匹配度，确保调用位置与被调用实体存在性验证，同时核查调用参数类型与数量的一致性，防止因接口不匹配引发的运行错误。

④ 常量使用审查需建立常量定义-引用映射表，系统检查每个常量的数值、进制及数据类型定义，并验证所有引用场景与定义的一致性，杜绝因常量误用导致的数值错误。

⑤ 标准合规性审查需构建标准库比对系统，通过自动化工具或人工审查发现违反编码标准的问题，重点检查命名规范、代码布局、注释要求等合规性指标。

⑥ 代码风格审查需建立风格评估模型，从缩进规范、注释密度、命名语义性等维度进行量化评估，识别不符合编程规范的习惯性写法，提升代码可读性与维护性。

⑦ 控制流验证需构建双流图比对机制，通过程序分析技术生成实际控制流图，并与设计文档中的预期控制流进行差异分析，重点标注路径差异点并修正设计文档，确保控制流完整覆盖所有代码路径。

⑧ 路径激活测试需建立路径选择算法，在设计流图中选取典型路径后，通过符号执行技术在实际控制流图中验证其可达性，当发现不可达路径时，反向追溯代码逻辑错误。该过程需确保路径集合覆盖所有代码分支，实现语句级测试覆盖。

⑨ 代码阅读审查需建立双向验证机制，程序员对照规格说明书与语法规则逐行分析代码，通过预期行为与实际实现的对比，识别逻辑偏差与实现缺陷。该过程需特别关注边界条件处理、异常分支覆盖等关键质量点。

⑩ 文档补充审查需建立动态文档生成机制，在审查过程中自动生成过渡性文档，通过文档编写触发程序逻辑的潜意识检查，发现隐藏的程序错误。该机制需平衡审查效率与客观性，避免因熟悉性导致的审查盲区。

2. 代码审查

代码审查作为一种系统化质量保障手段，由跨职能团队通过结构化分析流程对软件制品实施静态验证。该流程包含双阶段实施机制。在预备阶段，审查协调者需向团队成员提供完整的技术文档包，涵盖需求规格说明、控制流分析图、源代码实体及开发规范等审查基准。受检方在充分研读技术文档后，进入会议审查阶段，此阶段以开发者逻辑陈述为核心环节。开发者通过逐行代码解析展现设计意图，其间伴随团队成员的交互式质询，形成基于证据的缺陷识别机制。实证研究表明，开发者在讲解过程中可识别出约 40％的隐含缺陷，而群体研讨能进一步揭示 25％的关联性错误，这种认知协同效应常引发对模块边界、接口契约及系统架构的深度反思，最终推动需求模型的迭代优化。

为提升审查效能，需构建标准化缺陷分类体系。该体系通过历史缺陷数据建模形成审查检查表，将编码错误归纳为控制流异常、数据耦合错误、接口契约违背等 12 大类，每类细分 30～50 项典型缺陷模式。检查表采用结构化表格形式呈现，包含缺陷特征描述、触发条件及修复建议等要素，其设计原则与单元测试用例设计方法论具有方法论同构性。审查会议结束后，需执行三维度闭环管理：建立缺陷追踪矩阵实现问题透明化；针对高风险缺陷实施二次审查机制；构建缺陷知识库以驱动审查经验沉淀。这种持续改进机制可使缺陷检出率提升 30％～50％，并有效降低后期维护成本。

3. 走查

走查与代码审查基本相同：首先把材料发给走查小组每个成员，让他们认真研究程序，然后再开会。开会的议程与代码审查不同，不是简单地读程序和对照错误检查表进行检查，而是让与会者“充当”计算机。即首先由测试组成员为被测程序准备一批有代表性的测试用例，提交给走查小组。走查小组开会，集体扮演计算机角色，让测试用例沿程序的逻辑运行一遍，随时记录程序的踪迹，供分析和讨论用。

人们借助测试用例的媒介作用，对程序的逻辑和功能提出各种疑问，结合问题开展热烈的探讨和争论，以便发现更多的问题。

三、自动化测试

随着软件规模的不断扩大，业务逻辑愈加复杂，软件测试的工作量增长迅速，单纯依靠手工测试往往无法满足软件开发的实际需要，有必要应用自动化测试。另外，软件测试具有重复性，不仅要检查缺陷是否得到修复，还要检查在修复过程中是否引入了新的缺陷，这种重复性的回归测试促进了自动化测试的快速发展。

（一）自动化测试与手工测试

自动化测试作为现代软件测试领域的关键技术手段，其核心在于借助自动化工具或相关技术路径，依照预先设定的测试规划对软件系统实施自动化检验。此过程旨在显著削减人工测试环节的工作负荷，优化测试流程的效率，进而提升软件产品的整体质量水准。

自动化测试的运行机制可概括为：首先，对软件内部各构成要素进行精准识别，并记录用户交互的每一步操作轨迹；随后，将这些操作流程转化为可执行的测试脚本。在脚本回放或执行阶段，系统自动将测试脚本转化为对软件系统的操作指令，并实时比对实际运行结果与预设期望值。若两者吻合，则判定测试通过；反之，则生成详细的缺陷报告。由此可见，测试脚本在自动化测试体系中占据核心地位，它作为采用特定脚本语言编写的程序集合，紧密关联于特定测试场景，且能够被自动化测试工具直接调用执行。

自动化测试的适用场景主要涵盖三类。一是回归测试，即在软件缺陷修复后重新执行既定测试用例，这是自动化测试的核心应用领域。尤其在软件开发后期，频繁的代码迭代使得自动化回归测试成为提升测试效率的关键手段。二是针对手工测试难以实施或无法覆盖的测试类型，如压力测试、并发测试及强度测试等，自动化测试展现出独特的优势。三是在系统调优阶段，为评估不同算法参数组合的效果，需反复执行相同测试数据以寻找最优解，此时自动化测试能够快速提供分析结果。

自动化测试的显著优势体现在：测试结果具有高度准确性和可靠性，支持高复用性测试场景，且能够持续稳定运行而无需人工干预，从而显著缩短测试周期并节省人力资源。这使得测试人员能够将更多精力投入测试方案设计及必要的手工测试环节中。然而，自动化测试亦存在一定局限性：其缺乏创造性思维，难以发现潜在的新缺陷，而手工测试则能够通过关联分析发现更多问题；在界面和用户体验测试方面，自动化测试面临技术挑战；此外，自动化测试的实施需要前期大量的准备工作，测试流程相对复杂。因此，自动化测试无法完全替代手工测试，二者应形成互补关系。研究表明，自动化测试能够识别约30%的软件缺陷，而剩余大部分缺陷仍需依赖手工测试发现。

（二）脚本技术

最初的自动化测试技术手段，主要聚焦于基础性的录制与回放功能，其操作的简便性虽为测试人员提供了初始便利，但在长期维护与扩展性方面却显现出局限性。随着技术演进，测试脚本工具应运而生，标志着自动化测试迈入了一个更为成熟与高效的阶段。测试脚本作为一系列由测试工具执行的指令集合，其生成方式灵活多样，既可通过录制用户操作自动生成，亦可直接采用脚本语言进行编写。实践中，通常基于录制生成的脚本进行优化调整，此举显著降低了脚本编写的复杂度与工作量。

脚本的分类依据其结构特性与应用场景，可细化为以下四种类型。

① 线性脚本。直接源自手工测试过程的录制，适用于简单场景下的快速验证。

② 结构化脚本。在继承线性脚本基础上，融入了顺序、选择、循环等控制结构及函数调用机制，不仅增强了脚本的可读性与复用性，更便于后续的维护与升级。

③ 数据驱动脚本。实现了测试数据与脚本逻辑的解耦，通过外部文件或数据库统一管理测试数据，使得同一脚本能够灵活应对多组输入，极大地提升了脚本的灵活性与复用效率。

④ 关键字驱动脚本。进一步抽象化脚本中的通用功能，将其封装为可复用的关键字，开发人员通过调用这些关键字即可快速构建测试脚本，有效提升了脚本编写的效率与质量。

（三）自动化测试框架及测试流程

自动化测试的有效实施依赖于测试框架与测试工具的协同配合。作为系统化解决方案的核心组件，自动化测试框架通过整合测试脚本开发环境、执行引擎、资源管理模块、报告生成系统、函数库及测试数据源等可复用组件，构建出支持多样化测试需求的标准化架构。其核心价值体现在灵活的工具集成能力上，既能与单元测试、系统功能测试、性能测试等专项工具无缝对接，又为二次开发预留了技术接口，这种开放架构显著区别于功能固化的传统测试工具。

在技术实现层面，测试框架呈现多维分类特征。按脚本类型可分为线性框架、数据驱动框架和关键字驱动框架三大体系：线性框架采用录制/回放机制实现测试流程固化，虽具备快速部署优势，但脚本刚性特征导致维护成本随系统迭代呈指数级增长；数据驱动框架通过参数化设计实现测试数据与脚本逻辑的解耦，有效提升了测试用例的复用效率；关键字驱动框架则通过抽象化操作指令提升脚本编写与维护的敏捷性，其跨项目复用特性为测试资产积累提供了技术支撑。

从应用场景维度观察，测试框架可细分为单元测试、UI功能测试、移动应用测试、API测试等专业领域解决方案。这些垂直化框架通过深度适配特定测试场景，形成了包括测试数据设计、脚本开发、测试执行、结果分析、报告生成在内的完整技术闭环。其中，测试执行、结果分析、报告生成等环节的迭代优化机制，直接体现了自动化测试降低人工干预、提升测试精度的核心价值。

在工程实践领域，基于测试框架的自动化测试流程遵循需求分析、框架设计、数据准备、脚本开发、测试执行、结果分析、报告生成的标准化路径。其技术优势不仅体现在单次测试效率提升，更在于通过与持续集成环境、配置管理系统、缺陷管理系统的深度融合，构建起覆盖软件全生命周期的自动化测试体系。这种集成化架构有效打通了开发、测试、部署各环节的技术壁垒，实现了软件交付流程的端到端自动化，最终达成缩短研发周期、降低质量成本、提升产品可靠性的战略目标。

第六章
软件维护与项目管理探析

随着软件产品生命周期的延续，有效管理维护过程、控制开发成本、确保进度与质量成为决定软件成功与否的关键因素。本章从软件维护与项目管理的角度，探讨影响软件生命周期的重要方面，包括软件维护及其可维护性、软件成本与开发进度管理、软件配置管理与质量保证、软件项目文档与风险管理。

第一节　软件维护及其可维护性

软件维护作为软件生命周期中的关键阶段，具有显著的长期性与复杂性。

首先，其在整个生命周期中所占时间最长，所需工作量亦最为庞大。大中型软件系统的开发周期相对较短，而其运行和维护周期往往更为持久。在此期间，软件必须持续适应环境变更与用户需求的演进，并不断修复遗留缺陷，因此维护活动成为成本增长的重要因素。

其次，软件维护的过程不仅繁重，还伴随着较高的风险。维护操作若处理不当，极易引入新的缺陷，导致系统稳定性下降，进而影响软件整体质量与生命周期。因此，对维护工作的规范性与系统性应给予高度重视。

再次，软件维护虽为后期活动，但本质上仍包含软件开发的全部核心环节。其涉及需求分析、设计调整、程序修改与测试验证等过程，体现出与初始开发相似的系统性特征。

最后，为确保维护工作的有效性与高质量输出，必须遵循软件工程的基本原理和方法。系统化的管理与科学的技术支撑，是提升维护效率、延长软件寿命的关键保障。

一、软件维护的副作用

软件维护过程中，任何代码或结构的修改都可能引发副作用，即在修改软件的过程中，产生不期望的错误或引发其他不利的后果。通常，软件维护的副作用可分为三类：修改代码的副作用、修改数据的副作用以及文档的副作用。

修改代码的副作用指的是在修改源代码时，可能不小心引入新的错误。这类副作用通常发生在删除或修改子程序、标号、标识符，改变程序的执行顺序，调整存储占用大小，修改逻辑运算符，更新文件操作方式，优化程序执行效率，或者在将设计更改转化为代码时，特别是在边界条件的逻辑测试方面。这些改动虽然意图是改善软件功能，但却可能导致程序的运行异常或产生新的逻辑错误。修改代码时，程序的各个部分往往高度耦合，轻微的更改可能导致不可预测的影响，从而增加了维护的复杂性。因此，如何系统地分析和规避这些副作用，是软件维护中的一个重要挑战。

修改数据的副作用主要与软件数据结构的变动相关。在修改数据结构时，如进行重新定义常量、调整数组或高层数据结构的大小、更改文件或记录格式、修改全局数据或改变输入/输出参数等操作时，若没有考虑到数据结构与软件设计的兼容性，容易导致软件在执行时产生错误。例如，修改数据结构时未同步调整设计文档或未考虑跨模块的数据依赖关系，往往会使得软件的实际行为与预期不一致。因此，良好的数据结构设计和细致的设计文档是减少此类副作用的关键措施。通过在设计阶段详细描述数据元素、记录、文件等结构的交叉引用，可以有效避免因数据不一致导致的错误。

文档的副作用指的是在软件维护中，相关技术文档未能及时更新，导致文档内容与程序功能之间不一致。软件文档是软件的一部分，其作用在于为用户和维护人员提供准确、及时的参考信息。当软件功能发生改变，尤其是数据流、模块结构或操作逻辑发生调整时，若相关文档未同步更新，则会导致文档无法准确反映软件的当前状态。例如，修改了交互输入的顺序或格式，但未在文档中及时更新，这将对用户使用软件产生极大困扰，甚至可能引起用户的误解或不满。此外，过时或不一致的文档内容可能导致系统冲突，影响用户体验。因此，保持文档与实际软件功能的一致性，是软件维护工作中不可忽视的任务。

为了有效控制这些副作用，尤其是修改数据时可能引发的副作用，建议采取相应措施：

① 将修改任务按模块分组，每次集中对一个模块进行修改，以便在问题出现时能迅速定位问题所在；

② 采用自顶向下的修改策略，逐步安排修改模块的顺序，确保修改顺序的合理性；

③ 确保每次修改后，及时检查修改的副作用，借助交叉引用表、存储映射表、执行流程跟踪等工具，来检测和追踪修改的影响范围；

④ 在进行模块修改时，保持对副作用的严格监控，确保每个修改都不影响其他模块的正常功能。

二、软件维护的类型

1. 适应性维护

适应性维护主要应对外部环境的变化所带来的挑战。在信息技术持续演进的背景下，软硬件平台、数据结构或系统接口等可能发生变化，导致原有软件系统不再适用。适应性维护通过对系统结构或功能逻辑进行相应调整，使其能够在新的环境中继续有效运行。此类维护体现了软件系统对技术变革的响应能力，是软件持续可用性的重要保障手段。

2. 改正性维护

改正性维护旨在对软件在运行过程中所暴露出的缺陷和错误进行修正。这些缺陷往往源于开发阶段测试的不完全性，未能在早期识别并处理的问题在实际使用中逐渐显现。该类型的维护聚焦于纠正功能性偏差，保证系统按预期运行，从而避免因错误传播而造成的使用偏差或系统异常。改正性维护虽然是被动响应的过程，却对保障软件稳定运行具有不可替代的重要意义。

3. 完善性维护

完善性维护则基于用户需求的提升与业务目标的变化，对现有系统功能进行扩展或性能进行优化。此类维护不仅关注已有功能的增强，还重视系统运行效率、响应速度及可维护性的改进。因此，完善性维护往往具有较强的前瞻性和计划性，并可能涉及一定程度的功能重构或系统再设计。尽管这类维护本质上是一种非紧急性的优化行为，但其复杂性较高，对开发者的设计能力与测试能力提出了更高要求。

4. 预防性维护

预防性维护则着眼于软件系统的长远发展和结构优化。其核心在于通过主动性的技术手段预防潜在缺陷的发生，增强系统的稳定性和可扩展性。在此过程中，往往会对系统中已显现结构性衰退的部分进行重构与优化，采用更先进的设计范式或开发技术重新组织程序结构。虽然预防性维护所占比例较小，但其对提高软件质量、延长系统寿命具有深远意义。

三、软件维护的流程

1. 软件维护的基本流程

软件维护过程涉及多个环节，每一环节的质量控制对于确保软件的稳定性和有效性至关重要。首先，维护人员应当明确维护的类型，评估该项维护活动对软件质量和成本的影响，从而决定是否接受该维护请求，并根据其影响和紧急程度为维护任务设定优先级。在确定维护优先级之后，接下来需要进行版本规划。维护人员根据所有被接受的维护请求的优先级，合理规划软件的版本发布安排，确定哪些变更将包含在下一个版本中，哪些则将在后续版本中实现。最后，维护人员根据计划实施维护任务，并发布新的版本。通过这一过程，软件得以根据需求进行及时的调整和优化，确保其长期稳定运行。

2. 软件维护的管理流程

除了技术性任务外，软件维护还需要严格的管理控制，确保整个过程的高效与规范。管理部门应对每一项修改方案进行详细分析和审查，全面评估其潜在影响，并对不合适的修改进行撤销。同时，在涉及主文档修改时，管理部门必须特别重视其审查工作，确保文档内容与实际软件功能的一致性。

软件维护的管理流程结合了技术实施和管理审查两个方面。有效的管理流程不仅确保维护活动按计划进行，还保证维护文档的完整性与准确性，进而确保软件质量与可持续性。

四、软件的可维护性

所谓软件可维护性，是指纠正软件系统出现的错误和缺陷，以及为满足新的要求进行修改、扩充或压缩的容易程度。可维护性、可使用性、可靠性是衡量软件质量的几个主要特性，也是用户十分关心的几个方面。虽然目前尚没有对影响软件质量的这些重要因素进行定量度量的普遍适用方法，但是它们的概念和内涵是很明确的。

（一）软件可维护性的衡量维度

软件可维护性不仅在软件开发初期构成目标导向，也在后续运维阶段体现出持续的重要性。相关研究不断推动软件度量学的发展，致力于从多个角度建构可维护性的系统化评估体系。目前，普遍采用以下六个特性来度量软件的可维护性。

1. 可靠性

可靠性反映软件在特定时间内无故障运行的能力，是保障软件稳定性的核心指标。其度量方法主要包括失效间隔、修复时间和系统有效性等。可通过实际错误数据或程序复杂性分析进行预测，以识别高风险模块并制定相应预防策略，从而提升系统运行的整体可预测性与稳健性。

2. 可理解性

可理解性是指开发人员或维护人员在阅读源代码及其文档后，理解程序结构和功能的难易程度。高可理解性程序具有良好的模块化设计、一致的编码风格、明确的命名方式，以及完整的需求、设计与测试文档支持。该特性直接影响其他维度，如可测试性和可修改性的实现程度，通常通过程序结构清晰度与注释完整性等因素进行定性判断。

3. 可使用性

可使用性体现软件系统在用户层面的易用程度，包括操作界面友好性、错误容忍性与帮助机制等。虽然该特性通常面向终端用户，但其设计质量也直接影响维护过程中的需求理解、问题反馈与界面优化效率。可使用性高的软件往往更易于发现问题并快速迭代，从而缩短维护周期。

4. 可测试性

可测试性衡量验证程序正确性的难易程度。结构简单、逻辑清晰的程序更易于编制测试用例并完成测试过程。程序的逻辑路径越少，其测试成本越低，因此，测试性在很大程度上依赖于程序的复杂性和可理解性。良好的可测试性有助于在软件生命周期各阶段快速定位并修正错误，提升维护效率。

5. 可修改性

可修改性指软件系统应对功能变更或缺陷修正的灵活性与成本可控性。该属性要求程序具备良好的结构设计、通用性与灵活性，使其在不影响整体系统稳定性的前提下，能够便捷地实现局部更改。高可修改性降低了维护中的风险，有助于系统的长期演进与适应性更新。

6. 可移植性

可移植性反映程序在不同计算平台之间的适应能力。具备高可移植性的程序通常独立于特定硬件或操作系统，从而能够在多种运行环境中部署，提升其可复用性与生命周期的广度。该特性要求开发过程中遵循平台无关的设计原则，减少依赖项和平台特有接口的使用。

（二）软件可维护性的提升措施

软件可维护性是影响软件生命周期内维护成本的关键因素。根据典型的维护与开发费用比例，软件维护成本通常为开发费用的两倍，且在非结构化的维护活动中，维护费用的比重可能更高。软件的可维护性特性体现在产品的多个方面，只有通过在软件开发的各个阶段采取针对性的措施，才能确保每个质量特性达到预定的要求，从而有效降低后期的维护费用。因此，提升软件的可维护性需要从软件开发的初期阶段开始，在开发过程中贯穿可维护性的质量目标。以下为提升软件可维护性的具体措施。

1. 明确软件质量目标

为了确保软件具有较高的可维护性，需要在开发初期设定明确的质量目标。然而，完美地实现所有的质量特性往往是不现实的，某些特性之间可能会相互冲突，例如，效率与可移植性、效率与可修改性之间的矛盾。实际经验表明，专注于提高效率的软件通常会出现更多的错误，这一现象表明在设定质量目标时，必须明确目标之间的优先级。

2. 使用先进的软件开发技术工具

采用先进的软件开发技术工具是提升软件可维护性的有效手段。例如，面向对象的开发方法、基于组件的软件复用技术以及模块化、结构化的编程设计方法都能显著提高软件的可维护性。此外，选择具备高安全性与健壮性的高级程序设计语言以及自动化开发工具，也能够在提高开发效率的同时，增强软件的可维护性。标准化的设计文档工具同样至关重要，合理的文档表达能够帮助开发和维护人员更加清晰地理解软件的架构、数据结构及其接口等，从而有效提高维护工作效率。

3. 进行质量保证审查

在软件开发的每一个阶段，进行技术审查和管理复审对确保软件的可维护性都具有重要意义。在需求分析阶段，审查应关注未来可能发生变化或扩展的部分，确保系统设计能够适应变化。在设计阶段，应重点评估软件结构是否易于修改，模块是否独立且功能清晰。在编码阶段，审查时应强调代码风格与注释规范，以便后期的代码理解和维护。在测试阶段，审查工作要确保软件配置及测试配置的合理性，防止因配置错误导致维护困难。

4. 选择可维护的程序设计语言

程序设计语言的选择对软件可维护性有着深远影响。一般而言，低级语言由于其抽象程度低，语法结构较为复杂，往往难以理解和维护。相比之下，高级语言通常具备更好的可读性和可理解性，能够降低后期维护的难度。在选择具体的高级语言时，还应关注其本身的易用性与维护性，选择那些拥有良好文档支持、广泛使用和成熟工具链的语言。

5. 优化程序文档

完备的文档能够帮助维护人员深入理解软件的结构、功能及其实现过程。文档不仅仅是对软件目标、各组成部分的描述，更是程序设计与实现过程的记录和补充。缺乏准确和详细的文档，维护人员可能无法正确理解软件的功能需求与设计意图，从而增加了维护的复杂性。因此，在开发过程中，必须注重生成准确、完整且有意义的文档。这些文档包括需求文档、设计文档、源代码注释和命名规范等，均有助于提升软件的可理解性，从而有效提高可维护性。

第二节　软件成本与开发进度管理

一、软件成本管理

（一）软件成本估算

软件成本估算是指在软件开发过程中，所需工作量及其相关费用的预测。与传统工业产品不同，软件成本不包括原材料和能源消耗，主要来源于人力劳动成本。此外，软件的开发过程缺乏明确的物理制造过程，其开发成本更多地依赖于一次性开发过程中的时间和劳动投入。因此，软件成本的估算应当以软件开发全过程中的各项活动为依据，包括软件计划、需求分析、设计、编码、单元测试、集成测试以及系统测试等各个阶段的工作费用。

在进行软件成本估算时，需考虑多方面因素。首先，项目的具体工作内容和范围必须明确，这包括开发过程中各个环节所需的资源。其次，资源需求以及资源单价对成本估算有着重要影响。资源单价通常受到开发人员的技术水平和薪资水平的制约。此外，项目完成所需的时间也是重要的估算依据，尤其是在需要遵循紧迫的时间框架时，成本可能因此增加。最后，已完成项目的历史数据可以作为参考，帮助进行更为准确的成本预测。

1. 软件成本估算的方法

① 代码行估算法。代码行估算法是进行软件成本估算的一种常见方法，它通过计算每行代码的平均成本并乘以项目所需的总行数，来估算整个软件项目的开发成本。该方法的核心假设是，程序的行数与开发成本之间存在一定的关联。具体而言，程序的行数是指所有可执行源代码的行数，包括命令语句、数据定义、数据类型声明、输入输出格式声明等。

每行代码的平均成本主要受到软件复杂性和开发人员工资水平的影响。在实际操作中，通常可以依赖历史经验数据来参考每行代码的平均开发成本。通过估算项目的总代码行数，并结合每个人月编写的代码行数以及开发人员的工资水平，可以推算出项目的总工作量和人工费用。通常，开发工作量用“人月”作为单位，而成本则依据开发人员的工资水平来计算。

尽管代码行估算法在一定程度上能够提供简便的成本估算，但其并非最为精准的方法。主要原因在于，多个因素会直接影响代码行数的多少。例如，项目所选用的编程语言、开发平台以及软件架构等因素都会影响代码的规模。此外，一些工具的使用，如商业数据库管理系统的引入，可能大大减少需要编写的代码行数。因此，尽管代码行估算法提供了一种初步的成本估算方式，但它未必能准确反映软件开发的所有成本因素，尤其是在涉及较为复杂或定制化的开发需求时。

② 类比估算法。类比估算法是一种将当前项目与以往类似项目进行对比来估算成本的方法。该方法依赖于估算专家的经验，专家通过对历史项目的规模和开发难度的了解，将新项目的各个关键部分与类似项目的相应部分进行对比，进而推算出一个比例关系。这种比例关系通常通过将新项目各部分的规模与历史项目的规模进行比较，从而得出整体项目的预估成本。

类比估算法的适用性主要体现在新项目与历史项目在应用领域、开发环境和复杂度等方面具有较高的相似性的情况。其核心优势在于能够借助已有项目的经验数据来进行快速估算，从而为项目的规划和资源分配提供有效支持。然而，类比估算的精确性较为依赖于历史项目数据的完整性与准确性，以及当前项目与历史项目的相似度。如果新项目与历史项目之间存在较大差异，则该方法的准确性可能会受到影响。该方法的约束条件之一是需要找到足够相似的历史项目作为参照。类比估算是一种相对低成本的估算方式，但其精确度较差，特别是在项目差异较大时，估算结果可能存在较大偏差。

③ 累加估算法。累加估算法是一种逐项估算的成本预测方法，首先对项目中的每一个工作单元进行独立估计，随后将各个工作单元的成本进行累加，以得到整个项目的总成本。这一方法的核心在于通过细化每个单独工作的估算来构建总体的成本模型。单个工作单元的估算准确性对于最终结果具有重要影响，较小的工作单元能够提高估算的精确度，但同时也可能导致估算过程中的成本增加。

在实施累加估算法时，估算的精度通常与单个工作的大小和复杂性密切相关。较小的工作单元虽然能提高整体估算的精度，但会导致更多的细节需要评估，从而增加了总体估算所需的时间和资源。因此，使用此方法时需要在精确度与估算成本之间进行适当的权衡，以确保估算结果在满足需求的同时不至于引起过高的成本。

2. 软件成本估算的工具：COCOMO 模型

COCOMO 模型本质上通过考虑项目特征和开发环境的不同，利用数值化模型预测项目的成本。作为一种基于模型的成本估算方法，COCOMO 模型已被广泛应用于软件工程中，其精确性与易用性使其成为一种有效的成本估算工具。

为便于对开发成本的估算，COCOMO 模型引入了几个关键的度量指标：DSI（源指令条数），指源代码的行数，常用来表示程序的规模；MM（人月），表示开发所需的工作量，单位为人月；TDEV（开发进度），表示项目的开发周期，通常以月为单位。

① 根据其规模、复杂性划分。

a. 组织型项目。组织型项目通常较小且简单，软件的需求相对较为宽松。此类项目的开发人员对软件的目标和需求有较为明确的理解，且具备较丰富的相关经验，对开发环境也有较为深刻的了解。由于对硬件的要求较低，程序规模也相对较小，这类项目的开发成本通常较低，开发过程相对较为顺利。

b. 嵌入型项目。嵌入型项目的特点是受到多方面限制，包括硬件、软件以及操作环境等方面的约束。此类项目对接口、数据结构和算法的要求较高，通常涉及大规模或复杂的系统，尽管软件规模不受严格限制，但其开发成本较高，且开发过程较为复杂。嵌入型项目通常用于大规模事务处理系统、操作系统或控制系统等。

c. 半独立型项目。半独立型项目处于组织型和嵌入型项目之间，其软件的规模和复杂性相对中等。这类项目的开发需求和复杂度大多介于前两类项目之间，开发人员需要兼顾多方面的要求。半独立型项目典型的例子包括数据库管理系统、事务处理系统以及一些大型控制系统。

② 根据其精确度和适用性划分。

a. 初级 COCOMO 模型。初级 COCOMO 模型是最基础的模型，其工作量和开发进度的计算通过静态确定的参数 A 和 b 来完成。该模型的主要优点是简便易用，但由于其忽略了与项目规模和类型无关的其他因素，其估算结果的精确性有所局限。

b. 中级 COCOMO 模型。中级 COCOMO 模型在初级模型的基础上进一步引入了影响项目开发成本的额外因素，如产品的可靠性要求、数据库的规模、存储和执行的限制、人员的属性等。这些因素通过调整系数来修正成本和进度的估算值。相较于初级 COCOMO 模型，中级模型能够更精确地反映实际开发中的多种影响因素。

c. 高级 COCOMO 模型。高级 COCOMO 模型在中级模型的基础上进一步引入了如下两个重要的功能。

ⅰ. 阶段敏感工作权数。某些因素在软件开发的不同阶段对工作量的影响不同。高级 COCOMO 模型为每个影响因素分配了阶段敏感工作权数，能够反映出不同开发阶段的成本变化。

ⅱ. 三层产品分级结构。模型将软件系统分为模块、子系统和整体系统三个层级，从而更加细致地估算各层级的开发成本。

（二）软件成本控制

软件开发中成本控制的目标是采取有效措施将不可预见的因素对实际开发成本的影响降至最小。尽管在项目开始时已进行成本估算，但实际开发过程中仍可能出现多种不确定性因素，影响成本的实现。因此，成本控制不仅仅是一个静态的计划执行过程，更是一个动态的修正过程，它根据项目的进展情况不断调整和优化。

成本控制收集项目进展中的实际成本数据，并与初始计划成本进行对比，识别其中的偏差。若发现偏差，管理人员会采取相应的纠正措施，以确保成本控制在预定范围内。成本控制过程具有较强的适应性和灵活性，能够根据实际情况进行及时调整，避免项目成本超支。

成本控制的核心任务包括：首先是对先前成本估计的修正，确保估算与实际情况相符；其次是对预算的必要调整，以适应开发过程中的变化；然后是针对成本偏差采取的纠正措施，通过资源重分配、工期调整等手段进行修正；最后是对项目完成所需成本的估计，这一估计是基于项目当前实际进展的预测。常见的计算方法包括：将实际已发生成本与剩余工作预算相加，或者使用新的估计值代替原有预算，进而得出完成项目所需的最终成本。

此外，成本控制还涉及对成本偏差原因的分析与诊断。只有准确识别偏差产生的根本原因，才能采取有效的措施进行纠正。成本控制不仅仅是关注财务数字，它需要与其他项目管理控制措施，如范围控制、进度控制和质量控制等相结合。若采取不当的纠正措施，可能会影响项目的质量或进度，从而增加项目的整体风险。

（三）效益预测与评估

效益预测与评估是项目管理中重要的环节，旨在通过科学的量化方法对项目实施后可能产生的效益进行预估和分析。效益通常表现为多种形式，包括直接效益和间接效益。效益的量化与计算方法主要可归纳为以下四种。

1. 函数求解法

函数求解法适用于能够建立明确函数关系的情况，尤其是直接效益或显性效益。在该方法中，效益被视为依赖于一组效益变量（如工时节省、资金占有减少、生产周期缩短等）的函数。效益（Y）可以通过公式表示为：$Y=f(X)$，其中 X 代表项目或子项目的效益变量。为了实现效益的量化，所有效益指标均需转换为价值量。计算时，纯价值的求解应通过将产出效益的总和减去投入成本（如硬件、软件、固定资产等）来实现。

2. 模糊数学法

模糊数学法适用于效益预测中存在不确定性或模糊性问题的情况。在软件项目与效益之间，若无法通过明确的函数关系来表示二者的关联性，也难以通过直观判断得出准确结论时，模糊数学法提供了一种量化的评估途径，该方法通过确定相关指标并赋予其不同权重，利用模糊量值和评分机制来对项目效益进行定量化，从而将其转化为可操作的评估方法，帮助项目团队对复杂问题作出较为准确的预测。

3. 相关关系法

当软件项目与效益之间无法建立直接的函数关系时，可以采用相关关系法。该方法通过统计分析来研究项目与效益之间的相关性，通常依靠数理统计规律如频数分布和概率进行分析，通过实测数据或统计数据进行处理。应用最小二乘法可帮助找到最佳拟合曲线或直线，以此来描述软件项目与效益的关系，并最终通过函数求解来得出效益值。

4. 专家意见法

在面对多种复杂因素且缺乏充足数据时，专家意见法（亦称德尔菲法）提供了有效的评估手段。此方法通过邀请多名具有相关经验的专家，从不同专业角度对项目效益进行评估。虽然个别专家的意见可能存在主观性或偏见，但通过多轮分析和专家共识的累积，可以有效减少偏差，从而接近事实的真实情况。

二、开发进度管理

1. 项目进度计划

项目进度计划是确保项目按时、高效完成的关键工具。为了确定项目开发所需时间及其进度安排，在正式开发前，需要制定详细的项目进度计划。编制项目进度计划的过程通常包括以下步骤。

① 明确项目的目的、需求与范围。此步骤的关键在于清晰界定项目的最终交付成果，明确期望的时间、成本及质量目标，为后续的工作奠定基础。

② 项目的工作活动和任务需要被分解并具体定义，形成清晰的任务清单。每一项工作活动应具有明确的目标和可执行的步骤，以确保各个环节的顺利推进。

③ 项目组织结构的创建至关重要。通过指派各相关部门、分包商及管理人员，确保每项工作活动都有专人负责，明确责任与分工，以提升项目执行的效率。

④ 制定进度计划是项目计划的重要部分，计划中应明确各项工作活动的具体时间安排、截止日期及关键里程碑，确保项目进度可控。

⑤ 制定预算和资源计划也是不可或缺的一环。通过对资源的消耗量和使用时间的规划，以及相关活动开支的明确，确保项目能够在预算范围内顺利进行。

⑥ 需准备完成项目的各项预测，包括工期、成本和质量预测。这些预测有助于评估项目实施过程中的潜在风险和调整策略。

2. 绘制 Gantt 图

Gantt 图，又称甘特图或横道图，由亨利·甘特于 1910 年发明，是一种用于项目进度管理的重要工具。通过条状图的方式，Gantt 图直观地展示了项目活动随时间的进展情况，并且能够清晰地标示出每个任务的起止时间及其所需的持续时长。

在 Gantt 图中，横轴表示时间，纵轴表示项目活动或任务，每个任务通过水平线段表示。该线段的起点和终点分别对应任务的开始和结束时间，而线段的长度则反映了任务的持续时间。通过这种方式，Gantt 图能够简洁明了地呈现项目各个阶段的时间安排，从而为项目管理者提供直观的进度控制信息。例如，在软件项目的开发过程中，项目通常会被分为多个阶段，如可行性分析、需求分析、软件设计、软件编码、软件测试、系统验收及运行等，每个阶段的进度可以通过 Gantt 图进行有效跟踪。

Gantt 图的主要优点在于其能够清晰地显示各项任务的计划进度及实际进度，进而动态地反映项目的开发状况。通过这一图形化表示，项目管理者可以轻松判断每个任务的进度是否符合预期，是否提前、延迟或按计划进行。此外，Gantt 图的简单性和直观性使其在项目管理中具有较高的应用价值，能够有效地帮助管理者识别出尚未完成的任务，并评估其余工作的剩余量。

然而，Gantt 图也存在一定的局限性。尽管它能够明确表示任务的时间安排，但其主要关注的是时间管理，而对项目管理的三重约束（时间、成本和范围）中的其他方面，尤其是成本和范围的控制，反映较为有限。此外，Gantt 图较难有效地表示任务之间复杂的逻辑关系和依赖关系。在项目中，尤其是涉及多个任务的复杂系统，任务之间的依赖关系对项目的推进具有重要影响，但 Gantt 图在这方面的表达能力较弱。因此，尽管 Gantt 图在进度管理中具有显著优势，但在复杂项目中，可能需要结合其他工具或方法以弥补其不足。

3. 绘制工程网络图

工程网络图，也称为 PERT 图，是一种用于项目管理的工具，旨在通过明确展示各任务的依赖关系和时间安排来优化项目的进度管理。在该图中，圆圈代表项目中的具体任务，而任务之间的箭头则显示了各项任务的先后顺序及相互依赖关系，箭头上的数字表示完成每项任务所需的时间。工程网络图的绘制通常采用从终点倒推的方式，逐步确定任务之间的依赖关系，直至整个项目的起点，确保项目时间的合理安排与优化。

在绘制工程网络图时，首先要明确每一项任务的持续时间，并考虑任务之间的依赖关系。每项任务的开始时间往往取决于前置任务的完成时间，因此，通过合理地安排任务顺序，能够有效地缩短项目周期并提高执行效率。工程网络图的关键作用在于其能够揭示出项目进度中的关键路径，即一条从项目起点到终点所需时间最长的路径。关键路径上的任何延迟都会直接导致整个项目的延误，因此，管理人员应特别关注这一部分的任务执行情况。

在实际应用中，工程网络图的作用远超项目的时间规划。它不仅能够帮助项目团队识别哪些任务对整体进度至关重要，还能有效地协助资源的调配与优化。通过对各任务时间的合理安排，项目经理能够识别潜在的瓶颈环节，及时进行调整，以确保项目按时完成。除了单独使用工程网络图外，常常将其与 Gantt 图结合使用，通过两者的互补作用，优化项目进度的可视化管理，使得项目进度管理更为精细化与灵活。

工程网络图在不同类型的项目中都有广泛的应用，尤其是在软件开发及其他工业项目的进度管理中。通过工程网络图，项目管理者能够清晰地识别出任务间的相互关系，科学安排各阶段的工作，从而提高项目的实施效率，确保项目按预定目标顺利推进。

4. 估算项目进度

软件项目进度估算是项目管理中至关重要的环节，准确合理的估算为资源的分配提供了基础，确保技术、人力和财力的有效利用。尽管项目在实施过程中会受到多种因素的影响，导致实际情况常常变化，因此实现完全精确的进度估算具有一定挑战性，但依然存在一些有效的估算方法可供参考。

一种常见的进度估算方法是基于当前完成的活动在关键路径上的位置来进行推算。通过分析关键路径上的任务，管理者可以较为准确地评估整个项目的推进速度，因为关键路径决定了项目的最短完成时间。

另一种方法是通过已完成的功能点占总功能点的比例来进行估算。这种方法通过对已完成功能的评估，结合每个功能点的开发所需时间，预测项目的剩余工作量，从而推算整体进度。这种方式通常用于功能驱动型项目，能够提供较为直观的进度预测。

此外，在项目计划阶段设置里程碑也是一种有效的进度估算手段。通过确定项目中的重要节点和里程碑，管理者能够依据已完成的里程碑来推算剩余工作的进度。这一方法有助于更好地控制项目的整体进度，确保各个阶段的工作能够按时完成。

5. 项目追踪与控制

追踪与控制是在软件项目管理过程中实施的一项重要工作，可以用以下方式对项目进行追踪。

① 定期举行项目状态会议，由每一位项目成员报告其所负责的项目内容的进展及所遇到的问题。

② 评价在软件开发过程中产生的所有评审的结果。

③ 确定由项目的计划进度安排的可能选择的里程碑。

④ 比较在项目资源表中的每一个项目任务的实际开始时间与计划开始时间。

⑤ 与开发人员进行非正式会谈，了解他们对开发进展与刚出现的问题的评价。

第三节　软件配置管理与质量保证

一、软件配置管理

软件配置管理（SCM）是软件工程中的一项基础性工作，是实现软件质量保证和项目可控性的重要手段。其主要任务是对软件开发和维护过程中产生的各种产品（包括源代码、文档、数据、测试用例等）进行系统性管理，确保软件产品的一致性、完整性和可追溯性，从而有效控制和管理软件系统的演化过程。

1. 软件配置管理的任务

软件配置管理作为软件工程中的一个核心组成部分，是实现软件质量保证（SQA）目标的关键技术环节之一。其根本职责在于有效地控制软件开发过程中的各种变更，以确保软件产品在整个生命周期中具有一致性、完整性和可追溯性。软件配置管理不仅需要对配置项（CI）和软件版本进行明确的标识，还需进行合理的配置设计，并对配置中发生的所有变更进行详细的记录与报告，从而实现对软件产品演化过程的有效管理与控制。

在实际应用中，软件配置管理需要解决一系列与版本控制、变更控制和配置状态管理相关的关键性问题。具体包括：

① 如何采用科学、规范的方式对程序代码、文档以及其他开发工件进行版本表示与管理，以支持多版本并存与迭代开发；

② 在软件产品交付用户之前及交付之后，如何对可能发生的需求变更、设计变更和实现变更进行有效控制，并确保所有变更在技术和管理上的可执行性与合规性；

③ 明确哪些角色或人员拥有变更审批的权限，并制定合理的变更优先级安排机制，以保证变更过程的规范性与高效性；

④ 采用何种方法或工具来对变更可能引发的连锁反应或潜在问题进行预测和评估，从而减少由变更引发的系统性风险。

基于上述需求，软件配置管理的具体任务可以归纳为以下六个方面。

① 确定软件配置项。识别系统开发过程中需要纳入配置管理的所有对象，包括源代码、设计文档、需求规格说明书、测试用例、构建脚本等，确保每一个配置项都具有唯一性和可追踪性。

② 定义配置项和版本的标识规则。制定统一的命名规范和标识机制，对各类配置项及其不同版本进行唯一标识，使得开发团队能够准确识别和引用正确的配置项版本，从而避免因版本混淆而引发的错误。

③ 制定控制变更的权限和实施步骤。建立严格的变更控制流程，明确变更的申请、评审、批准、实施和验证各个阶段的操作步骤及责任人，并确保所有变更都经过规范的审批程序后才能实施。

④ 记录、追踪配置项的变更状态。通过配置管理工具或平台对所有配置项的状态进行动态记录，实时跟踪每项变更的起因、内容、影响范围以及审批结果等信息，保证配置状态信息的准确性和透明性。

⑤ 验证配置项的正确性和完整性。定期进行配置审查和审计，检查配置项是否符合预期的规范和要求，确保配置项在语义上和结构上的完整性以及其与其他配置项之间的一致性。

⑥ 进行版本管理和发行管理。对软件产品的不同版本进行系统性的管理，包括版本创建、发布、归档和回滚等操作，确保每一版本都具备可复现性、可验证性和可部署性，并为产品的部署、维护和升级提供支持。

2. 软件配置管理中的基线

在软件配置管理中，基线的概念是实现软件开发过程中变更控制与过程可控性的关键机制之一，它不仅标志着开发阶段的完成，更作为后续开发与维护活动的标准参照点，为软件系统的有序演进提供了结构化支持与管理依据。

基线本质上是对某一时间点上软件配置项状态的“快照”记录，是对特定版本的软件产出物在质量和功能上的确认。在配置项完成初步开发并通过形式审查或同行评审后，即可将其确立为基线。一旦某项配置内容成为基线，其变更将不再是任意可为，而需通过严格的变更控制流程加以审批与记录。这种机制强化了对软件演进过程的可控性，尤其在面对需求频繁变动和多方协作开发的背景下，基线制度可有效防止版本漂移、文档不一致等问题的发生。

从管理属性上看，基线具备三大核心特征：

① 正式性，即基线必须通过严格的评审程序确立，体现对开发阶段成果的认

可与质量保障；

② 稳定性，已确立的基线受到更高级别权限的控制，保证了其在特定周期内的不可变性；

③ 基础性，基线不仅是后续开发、测试、部署等活动的起点，更是版本控制与配置比对的基准。进入基线前的工作成果可以灵活调整，而进入基线之后的任何修改均需进行变更影响分析与可追溯性验证，从而实现软件开发活动的制度化管理。

此外，基线的引入也显著提升了开发过程的可重现性与版本隔离性。一方面，开发团队可依据历史基线快速恢复特定版本的开发环境或产品状态，这对于产品回退、问题追踪具有重要意义。另一方面，通过在基线上建立分支，可为新项目的派生开发提供独立空间，同时隔离主干版本中的后续变更，保证多版本并行开发的秩序与一致性。

3. 软件配置项

在配置管理体系中，配置和配置项是两个核心概念。所谓配置，其在技术文档中得到明确规定，并最终体现于软件产品的功能或物理特性中。因此，配置的范畴涵盖了所有需受控的产品属性，包括相关文档、具体软件版本、支持软件运行的各类数据，以及保障软件一致性所需的其他组成部分。与相对稳定的硬件配置相比，软件配置更为复杂且变化频繁。

软件配置项则是构成软件系统的逻辑单元。受控的软件系统通常会被细分为多个配置项，这是实施软件配置管理的基础。例如，一个完整的软件产品可能由若干程序模块组成，每一个模块连同其配套文档及运行数据都可视作一个配置项。系统中包含多少配置项，往往与其设计结构密切相关。纯软件类的配置项通常被称为“软件配置项”，它们是在软件生命周期各阶段可相对独立开发和管理的程序或文档实体。

被纳入基线管理的软件配置项称为基线配置项，其主要内容如下。

① 系统功能说明文档，涵盖系统建模、项目实施计划与进度安排等内容。

② 软件需求规格说明，包括图形化分析模型、开发流程、原型设计和形式化数学描述。

③ 设计说明文档，涉及数据设计、系统架构、界面设计及对象定义等。

④ 测试文档，包括测试计划、用例设计、预期结果以及测试记录。

⑤ 数据库相关描述，如数据模型、记录结构及字段定义等。

⑥ 模块说明文档，明确各模块的功能、算法实现与接口说明。

⑦ 可运行系统构件，包括源代码、链接库、数据库文件等。

⑧ 用户使用文档，涵盖安装指南、操作手册、用户手册和培训资料。

⑨ 维护文档，包括故障报告、维护需求、修改记录等信息。

⑩ 项目所遵循的各类标准与操作规程。

4. 配置管理工具

若单纯依赖人工手段进行配置管理，不仅需要耗费大量的人力和时间资源，而且容易因人为疏忽而导致配置错误、信息不一致等问题，影响软件系统的正常开发与维护流程。为此，在软件配置管理过程中引入高效、可靠的自动化工具显得尤为重要，这不仅能够显著提升管理效率和准确性，更是实现科学化、系统化配置管理的必要前提与保障。

配置管理工具作为实现软件配置管理目标的技术支撑平台，其核心任务在于提供全生命周期内对软件配置项的识别、控制、记录和状态跟踪等功能，从而有效支撑软件开发、测试、部署及运维等各阶段的顺利开展。一般而言，理想的配置管理工具应具备如下主要功能模块。

① 支持并行开发。能够实现多个开发人员或开发小组在同一项目中对同一代码库进行并发操作的支持机制，通过锁机制、分支策略和合并工具，避免资源冲突和数据丢失问题，提升协作开发的灵活性与可控性。

② 修订版管理。对软件配置项（如源代码文件、设计文档、测试用例等）在其生命周期内的每一次修改进行精确记录，形成修订历史，便于追踪修改原因、评估改动影响，并支持回退至任意历史版本，以满足项目的审计与溯源需求。

③ 版本控制。提供完善的版本管理机制，支持配置项在不同开发周期或发布节点上的版本标识、分支管理和版本切换，确保团队成员获取和使用的始终是经过验证的、符合项目当前状态的版本，防止版本混淆或误用。

④ 产品发布管理。实现对软件产品发布过程的统一管理，包括发布版本的生成、发布包的构建、发布文档的编制以及发布记录的归档，确保发布流程规范、版本清晰、交付物完整，从而提升产品交付的可靠性和一致性。

⑤ 建立管理。支持软件构建过程的自动化和可重复性，确保从源代码到可执行程序或部署单元的构建过程可被准确记录、控制和重现，增强软件产品质量的可控性与稳定性。

⑥ 过程控制。对软件开发流程中的关键环节进行流程化、制度化管理，提供如工作流引擎、任务分配、状态转换等过程控制工具，确保配置管理过程符合项目规范与质量要求，提高过程的透明度与监督力度。

⑦ 变更请求管理。集成变更管理功能，支持变更请求的提出、评审、批准、实施与验证全过程管理，确保每一次变更都有记录、有依据、有审批，防止无序变更对系统稳定性造成影响。

⑧ 代码共享。支持代码和其他开发资源的集中管理与共享，便于团队成员之间高效协同，确保代码的一致性、完整性与可访问性，并有助于知识的积累与传播，降低因人员变动带来的知识流失风险。

二、软件质量保证

软件质量保证（SQA）是通过建立一套有计划、系统的方法来向管理层保证拟定出的标准、步骤、实践和方法能够正确地被所有项目采用。软件质量保证的目的是使软件过程对于管理人员来说是可见的，它通过对软件产品和活动进行评审和审计来验证软件是否合乎标准。软件质量保证组在项目开始时就参与建立计划、标准，这些将使软件项目满足机构方针的要求。

（一）软件质量的衡量

在软件工程领域中，软件质量是衡量软件产品优劣、评估其开发与运维成效的重要指标。软件质量的评价体系通常建立在多个维度的基础之上，以全面反映软件在不同使用场景和技术环境下的表现。软件质量主要可以从以下六个关键方面进行衡量。

1. 功能性

功能性是软件产品最核心的质量特征之一，主要指软件所实现的功能是否符合其设计规格，以及是否能够有效满足用户在业务或操作层面的实际需求。该维度通常包括但不限于：

① 准确性，即软件输出结果的正确性，包括算法实现的精度与逻辑判断的可靠性；

② 互操作性，指软件能够与其他系统或模块进行信息交换与功能集成的能力，尤其是在多平台协同或复杂系统集成背景下的表现；

③ 安全性，涉及系统对数据和资源的保护能力，包括访问控制、数据加密、防止未授权访问等机制，以确保软件在运行过程中不会造成信息泄露或系统漏洞。

2. 易使用性

易使用性指的是软件系统为用户所接受和掌握的便利程度，具体体现为用户在学习、操作、准备输入以及理解输出等过程中所需的时间与精力消耗。此维度强调以用户为中心的设计理念，通常涵盖三方面：

① 可学习性，用户能够多快掌握软件使用方法；

② 可操作性，软件操作流程的直观性与友好性；

③ 用户界面的一致性与交互性，界面是否逻辑清晰，交互是否符合用户习惯。

优秀的易用性不仅提升用户满意度，也在一定程度上提高了软件系统的工作效率和应用推广效果。

3. 效率性

效率是指软件在执行既定功能的过程中对计算资源的利用率以及响应速度，涉及时间性能（如响应时间、处理速度）和资源利用（如内存、存储、带宽等）的双重考量。效率高的软件系统能够在较短时间内完成任务，且尽可能少地占用系统资源，从而适用于对实时性和资源优化要求较高的应用场景。

4. 可维护性

可维护性是指在软件生命周期中，为适应新需求、更正缺陷或优化性能而对系统进行修改时的便利性。该属性不仅关系到维护成本的高低，还影响到系统的长期可持续发展。其具体表现包括代码结构的清晰程度、文档的完整性、模块间的耦合度、可测试性与可追踪性等方面。一个具有良好可维护性的软件系统，能够快速响应变更需求，减少系统停机时间，从而提升运维效率和系统适应性。

（二）软件质量保证措施

软件质量保证是指为确保软件产品在开发全过程中能够满足或超越用户需求与

标准，而有计划、有组织地实施的一系列系统性活动。作为软件工程管理的重要组成部分，软件质量保证不仅体现为对开发过程的严格控制，更反映出对软件生命周期各阶段质量的系统管理。具体而言，软件质量保证主要包括以下七项措施。

1. 应用好的技术方法

在软件开发过程中，应坚持以技术为核心的质量控制理念。通过合理采用结构化方法、面向对象方法、敏捷开发方法等现代软件工程技术，以及使用先进的集成开发环境和自动化工具，从需求分析、系统设计、编码实现等各阶段保障成果质量。此外，开发人员需注重文档编制与版本控制，确保开发过程规范、有序，为最终软件质量奠定技术基础。

2. 测试软件

软件测试作为发现缺陷和验证功能的关键手段，是软件质量保证中不可或缺的一环。应根据软件的不同阶段，采用包括单元测试、集成测试、系统测试和验收测试在内的多种测试策略，同时设计具有高覆盖率和高效能的测试用例，以提高错误检测的有效性。虽然测试无法发现所有缺陷，但其在保障软件稳定性与可靠性方面具有核心价值。

3. 进行正式的技术评审

在软件开发的每一个阶段完成后，应组织由技术人员主导的正式评审工作，包括需求评审、设计评审、代码审查等。评审活动可及时发现需求理解偏差、设计逻辑漏洞与实现过程中的不一致，防止缺陷的传递与积累。技术评审作为质量控制的预防性手段，对保障软件开发质量具有显著成效。

4. 标准的实施

标准化是提升软件工程质量管理水平的重要路径。应依据国家标准、国际标准或行业规范，制定切实可行的质量标准体系，并在开发实践中严格执行。在进行技术评审时，应以标准为评价依据，系统评估软件成果与既定规范的一致性，从而提升项目的可控性和产品的一致性。

5. 控制变更

软件开发过程中不可避免地会发生需求或实现的变更，而每一次变更都可能引入新的错误或造成系统不一致。因此，必须建立严格的变更管理制度，包括变更申请、影响评估、变更审批与执行控制等环节。科学的变更控制流程不仅有助于减少开发混乱，也可在保障灵活响应的同时，维持系统的质量稳定性。

6. 程序正确性证明

对于关键算法模块和安全敏感组件，可引入形式化验证技术，通过数学逻辑推导或模型检测方法，证明程序满足预定的功能规范。程序正确性证明虽不适用于所有场景，但在高可靠性需求的软件开发中具有重要价值，能从理论层面保障系统的功能正确性与逻辑一致性。

7. 记录、保存和报告软件过程信息

质量保证离不开过程信息的完整记录。在软件开发过程中，应全面收集评审记录、测试结果、缺陷修复历史和变更管理信息，并及时整理和反馈给相关人员。这不仅有助于开发团队了解当前质量状况，调整开发策略，也为后期维护、质量审计和过程改进提供了有力依据，是实现持续改进和质量可追溯的重要保障。

第四节　软件项目文档与风险管理

一、软件项目文档管理

（一）软件项目文档的特性

软件项目文档是软件项目开发中的重要组成部分。文档对于项目开发的成功和项目的正常维护起着重要的保证和支持作用。所有大型的软件项目都有大量与系统相关的文档，有时一个中小型的项目都可能有成千上万的文档。

一般来讲，文档数量的多少、规模的大小、结构的复杂程度都与所开发的软件项目的规模大小和复杂程度成正比。在软件项目中，有一大部分开发成本发生在这些文档的准备、编制过程中，因此，项目管理者一定要对与项目有关的文档有足够的重视。

与软件项目相关的文档一般具有以下特性。

① 能作为开发组员之间交流、沟通的媒介。

② 能为软件项目的维护提供相关信息系统的资料和知识库。

③ 能为项目管理者提供项目计划、预算、开发进度等各方面的信息。

④ 能作为最终用户或管理员的用户手册，使用户知道如何使用、维护及管理系统。

可以通过非正式编写的工作文档和专门的用户手册来满足不同种类文档的要求。尽管有专门的技术编辑人员来帮助软件工程师修改最后发布的信息，但是他们仍然要进行大多数文档的编制工作。

（二）项目文档的分类

在软件工程实践中，项目相关的文档通常可分为两大类，即过程文档和产品文档。这两类文档各自承担着不同的功能，共同构成了项目开发与管理不可或缺的组成部分。

1. 过程文档

过程文档是指在软件项目的立项、开发、测试、维护等各个阶段中，用于记录和管理项目进展及其各项活动的文书材料。其主要内容包括项目的总体计划、开发进度、实施过程、质量控制措施、组织架构设置以及所采用的技术规范与标准等。编写过程文档的根本目的在于实现对软件项目全过程的有序管理和有效控制，确保项目在预定目标和质量要求下顺利完成。

在软件开发生命周期中，不同阶段形成的过程文档往往成为标志该阶段完成的重要里程碑。例如，系统需求规格说明文档通常在需求分析阶段形成，用以详尽阐述系统需要实现的功能、性能和运行环境等要求；系统设计说明文档则是在软件设计阶段编写，主要描述系统的架构、模块划分、接口定义等内容。此外，测试计划文档、配置管理文档、风险管理报告等也属于过程文档的重要组成部分，这些文档不仅指导具体的开发与测试活动，而且为后续的项目审计与评估提供了依据。

2. 产品文档

产品文档是用于描述开发完成的软件产品本身的相关资料。根据其服务对象和使用场景的不同，产品文档通常又可分为两类：一类是面向开发人员、维护人员等技术人员的系统文档，主要用于说明系统的结构、功能实现方式、数据流程、程序逻辑等技术细节；另一类是面向用户的文档，如操作指南、使用说明等，其主要目的是帮助用户了解和掌握系统的功能与操作方法。

产品文档通常在软件系统交付并投入运行后发挥实际作用，但在软件开发与维护过程中，其作用同样十分关键。高质量的产品文档不仅有助于用户正确使用系统功能，还能为后期系统的维护、升级及故障排查提供技术支撑，是保障软件产品可持续运行的重要依据。

二、软件项目风险管理

软件项目风险是指在软件开发过程中遇到的预算和进度等方面的问题，以及这些问题对软件项目的影响。软件项目风险会影响项目计划的实现，如果项目风险变成现实，就有可能影响项目的进度，增加项目的成本，甚至使软件项目不能实现。因此，对项目进行风险管理，可以最大限度地减少风险的发生。

（一）软件项目风险的分类

在软件工程项目的实践过程中，风险管理始终贯穿项目生命周期的各个阶段。由于软件项目本身具有高度的复杂性、不确定性和技术依赖性，导致其在实施过程中面临多维度、多层次的潜在风险。因此，科学合理地分类软件项目风险，对于风险的识别、评估、预警及控制具有重要意义。关于软件项目风险的分类，学术界与业界虽观点各异，但普遍可将其划分为技术风险、管理风险、组织风险及外部风险等宏观类别。在更细致的层面上，软件项目的风险可具体划分如下类型。

1. 需求风险

需求风险主要源自软件需求的不确定性、不完整性与不稳定性，表现为以下几种情况：项目需求已经确定并成为正式的项目基准，但仍频繁发生变更；需求定义存在模糊之处，后续补充与澄清可能扩展项目范围；在项目执行过程中无节制地添加新功能需求；对于需求中表述不清或逻辑不完备的部分，开发团队在实现过程中需耗费更多时间与资源；需求分析阶段客户参与程度不够，导致需求理解偏差；缺乏系统化、规范化的需求变更控制机制，造成项目进度和质量不可控。

2. 计划编制风险

计划编制风险指在项目初期制定计划过程中由于信息不充分、方法不科学而导致的不确定性，主要表现为：项目计划、资源配置与产品功能定义过于依赖客户或高层的口头说明，且各方表述不一致；计划编制采用理想化假设，缺乏现实依据，仅为“期望状态”；项目计划建立在对特定开发人员的高期望上，若该人员未能如期发挥作用则将严重影响项目进度；产品规模估计不足，导致开发任务量远超预期；提前确定交付日期但未相应调整产品功能或资源投入；项目涉及技术团队不熟悉的业务领域；设计与实现阶段实际耗时远高于预估。

3. 组织与管理风险

组织与管理风险主要涉及项目管理机制、组织结构和决策效率等方面的问题，具体包括：技术决策由非技术背景的管理人员或市场人员单方面作出，限制了项目科学推进；项目组织结构不合理，影响团队协同效率与生产能力；管理层决策周期冗长，延缓项目进度；预算削减造成资源紧张，破坏原有计划；管理层做出削弱项目团队积极性的政策性决定；项目缺乏科学规范的管理制度，致使工作重复与失误频发；与项目相关的第三方事务（如预算审批、设备采购、法律审查、安全保障）处理周期超出预期。

4. 人员风险

人员风险源自项目团队构成、人员能力与协作状况，具体表现为：关键的前置任务（如人员培训或基础项目准备）未能按计划完成；开发人员与管理层沟通不畅，影响决策效率；缺乏有效的激励机制，导致团队士气低下，进而影响工作效率；部分成员对新引入的软件工具或开发环境适应缓慢；项目后期新增人员需培训与融入团队，干扰原有成员工作节奏；团队成员间发生冲突，沟通障碍加剧，影响系统设计质量并增加接口错误和重复开发；不适岗人员未及时调整，影响项目整体绩效；难以招聘到具备特定关键技能的人员。

5. 开发环境风险

开发环境风险主要体现在软硬件基础设施未及时配备或配套不全方面，如：项目初期开发设施未按期投入使用；虽然部分设施到位，但缺乏必要的支持配套（如网络、电信、办公物资等）；办公场所环境恶劣、空间拥挤、设备老旧等影响开发效率；开发所需的软件工具未能及时提供；实际提供的工具不符合预期，开发人员需投入额外精力重新配置或更换工具；引入的新工具学习成本过高，学习周期超出预期，延误开发进度。

6. 客户风险

客户风险源自客户行为的不确定性及其对项目各阶段参与度的不足，主要包括：客户对最终交付的产品不满意，要求进行重新设计和开发；客户意见未能在开发过程中得到充分采纳，导致产品无法满足实际业务需求；客户在规划、原型和需求规格阶段的审核与反馈周期长于预期；客户未能有效参与需求阶段关键评审，造成需求不稳定，调整频繁；客户响应不及时，对需求相关问题的解答拖延；客户提供的第三方组件质量不佳，增加测试、集成与客户沟通成本。

7. 产品风险

产品风险是指与软件产品本身质量和适应性相关的问题，如：产品质量难以达到标准，需进行大量额外测试、设计与实现工作；开发了超出需求的功能，浪费资源并延误交付进度；产品需与既有系统完全兼容，增加集成与测试难度；系统需与其他团队或第三方系统协作运行，带来不可预知的开发与测试挑战；运行环境不成熟，易出现系统崩溃或性能问题；新模块开发工作量严重超出预期；依赖尚未成熟的新技术，造成开发计划延误。

（二）软件项目风险的控制

风险控制是指通过采取有效的技术手段和管理方法，如原型化技术、软件自动化工具、软件心理学原理等，来回避、减轻或转移软件项目中可能出现的各种风险。其控制步骤如下。

① 确定人员流动的原因。分析项目团队成员可能流动的内在和外在因素，如工作压力、职业发展需求、团队氛围等，及时掌握人员变动的潜在风险。

② 在项目开始之前，把规避风险的工作列入控制计划中。在项目立项阶段，就将风险预防措施纳入项目整体计划，确保风险控制工作有据可依、提前部署。

③ 当项目启动时，做好人员流动的准备。项目实施初期，应建立关键岗位人员替补机制，确保人员变动不会影响项目进度和质量。

④ 建立项目组，使相关人员都了解有关开发活动的信息。通过团队建设与有效沟通机制，确保项目组成员对目标、任务分配及开发流程有充分认识，增强协作效率。

⑤ 制定文档标准，并建立一种及时产生文档的机制。规范项目文档格式与编写要求，鼓励及时记录各阶段成果，为项目管理、交接及后续维护提供依据[1]。

⑥ 对所有工作进行细致的评审。建立持续的质量评审机制，定期对项目工作进行技术与管理方面的评估，及时发现问题并加以解决。

⑦ 对关键性的技术岗位，要培养技术后备人员。识别项目中技术依赖度高的岗位，提前安排技能培训与人员储备，保障技术力量的持续性与稳定性。

---

[1] 索红军．软件项目风险分析与研究［J］．软件导刊，2017，16(8)：130.

参考文献

[1] 高国洋．基于软件工程项目管理关键管控点的研究 [J]．企业改革与管理，2016(22)：1，98.
[2] 宫磊，任向红，寇玺，等．基于证据理论的软件项目风险评估方法 [J]．软件工程，2023，26(12)：17-23.
[3] 郭武士，易欣．基于面向对象技术的数据库应用研究 [J]．华章，2010(22)：132，138.
[4] 何礼富．软件工程与项目管理 [M]．长沙：国防科技大学出版社，2011.
[5] 赫鹏．大数据背景下软件开发与维护对策分析 [J]．中国新通信，2024，26(24)：33-35.
[6] 侯艳芳，楚书来．软件单元测试应用研究及案例分析 [J]．计算机光盘软件与应用，2012(4)：24.
[7] 吉思慧．面向对象系统开发方法分析与研究 [J]．电脑迷，2017(25)：30.
[8] 孔江华，李红育，杨勇．面向对象软件开发能力培养实践教学设计 [J]．华东科技，2024(5)：126.
[9] 孔晓．软件工程中的常用软件生命周期模型 [J]．电子技术与软件工程，2017(14)：58.
[10] 蒯天宇．利用软件工程提高软件产品质量 [J]．电子技术与软件工程，2018(15)：25.
[11] 李川川，王俊江．软件生命周期模型探析 [J]．电子质量，2017(10)：4-5，14.
[12] 李海霞，王磊，李智，等．软件生命周期质量评价方法研究 [J]．计算机测量与控制，2022，30(8)：264-268，295.
[13] 李鹏程．计算机软件项目计划与进度安排探析 [J]．科技与企业，2012(23)：57-58.
[14] 李伟龙．面向对象的软件测试 [J]．中国高新技术企业，2008(12)：121-122，124.
[15] 林萍．软件开发模型的选取和应用 [J]．软件和集成电路，2017(9)：16-17.
[16] 林顺福，林子琪，谢海明．软件系统通用维保模式的探索与实践 [J]．数字通信世界，2024(11)：83-85.
[17] 芦效峰．软件工程与安全 [M]．北京：北京邮电大学出版社，2021.
[18] 陆惠恩．软件工程 [M]．上海：上海交通大学出版社，2016.
[19] 瞿英，范默苒，刘滨，等．基于文本分析的软件项目风险研究演化脉络解析 [J]．河北科技大学学报，2020，41(1)：88-98.
[20] 师迎海，何雪慧．迭代式软件开发模型研究及应用 [J]．微处理机，2015，36(1)：55-57.
[21] 石冰，卜华龙，浮盼盼，等．软件工程 [M]．合肥：中国科学技术大学出版社，2017.
[22] 宋增龙．试论计算机语言的发展及面向对象开发的必然性 [J]．青年与社会，2013(34)：265.
[23] 孙丽．经典软件开发模型综述 [J]．产业与科技论坛，2014，13(15)：94-95.
[24] 索红军．软件项目风险分析与研究 [J]．软件导刊，2017，16(8)：130.
[25] 谭钊．软件项目管理中的软件项目风险计划 [J]．电子技术与软件工程，2017(11)：58.
[26] 妥泽花．基于黑盒测试与白盒测试的比较探究 [J]．电子世界，2021(11)：55.
[27] 王甫．面向对象技术的理解与分析 [J]．时代报告（学术版），2012(7)：68.
[28] 王雷，袁野，王国仁．软件设计模式检测技术：现状、挑战和展望 [J]．软件学报，2025，36(6)：2643-2682.
[29] 王曦鋆．静态代码分析技术在软件维护中的应用与改进 [J]．电脑编程技巧与维护，2025(3)：173-176.
[30] 王玉梅．软件产品生命周期规划与实施过程 [J]．电子技术与软件工程，2018(21)：37.
[31] 吴海鹏．计算机软件工程管理探析 [J]．黑龙江科技信息，2015(27)：169.
[32] 徐晓斌．软件项目程序与文档合一管理工作浅析 [J]．项目管理技术，2009(2)：61-63.
[33] 杨程．基于面向对象框架的软件开发方法 [J]．电脑迷，2017(20)：41.
[34] 杨健．软件需求变更的影响因素和控制管理研究 [D]．上海：华东理工大学，2012：1-22.
[35] 杨健，张晓玲，周少云．软件危机及其应对措施探讨 [J]．电脑知识与技术，2006(35)：135-136.
[36] 姚永杰，崔基哲．浅析软件项目风险的形成及对策 [J]．电脑知识与技术，2017，13(9)：90-92.
[37] 张海波．面向对象分析中的对象描述 [J]．河北建筑科技学院学报，2002(4)：41.
[38] 张洋．加强软件工程项目管理的思考 [J]．集成电路应用，2019，36(8)：86-87.
[39] 张越．瀑布模型、快速原型模型和增量模型的对比 [J]．电子技术与软件工程，2019(3)：32.

[40] 张志超. 软件项目风险识别及管理 [J]. 南方农机，2015，46(6)：72-73.
[41] 赵金元，佘元冠. 软件项目风险形成机制研究 [J]. 科技管理研究，2014，34(20)：103-107.
[42] 郑德理，潘琦. 计算机软件文档管理问题探析 [J]. 硅谷，2011(20)：36-37.
[43] 郑人杰. 软件工程概论 [M]. 北京：机械工业出版社，2020.
[44] 周扬. 软件开发过程模型的应用与发展 [J]. 电子制作，2014(19)：54-55.